Mathematische Mussestunden

Eine Sammlung

von

Geduldspielen, Kunststücken und Unterhaltungsaufgaben mathematischer Natur

Von

Dr. Hermann Schubert

Professor an der Gelehrtenschule des Johanneums in Hamburg

Zweite, stark vermehrte Auflage

Dritter Band:

Reise-Probleme und Geometrische Probleme

Leipzig

G. J. Göschen'sche Verlagshandlung

1900

Inhaltsverzeichnis.

I. Abschnitt.

Reise-Probleme.

II. Abschnitt.

Geometrische Probleme.

I. Abschnitt.

Reise-Probleme.

§ 1.

Rösselsprünge.

A. Einleitendes.

Die Aufgaben, welche in den Unterhaltungs-Zeitschriften unter dem Namen Rösselsprung vorgelegt werden, verlangen vom Leser, 64 Silben, die in die 64 Felder einer Schachbrett-Figur eingeschrieben sind, derartig zusammenzustellen, dass erstens je zwei Silben, die der Leser aufeinanderfolgen lässt, auf dem Schachbrett in zwei Feldern stehen, zwischen denen beim Schachspiel der Springer springen darf, und dass zweitens die nach diesem Prinzip vom Leser gefundene Silbenfolge einen Sinn giebt, gewöhnlich sogar ein kleines gereimtes Gedicht liefert. Ehe wir auf diese Aufgaben und die schwereren umgekehrten Aufgaben, die verlangen, richtige Rösselsprünge zu schaffen, näher eingehen, müssen wir, zur Verdeutlichung der folgenden Erörterungen, einige Erklärungen vorausschicken.

Der Übergang von jedem Felde eines in Quadrate

zerlegten Rechtecks, dessen Seiten horizontal und vertikal sind, nach einem rechts oder links, oben oder unten benachbarten Felde heisse ein „Schritt“. Von jedem der vier Eckfelder kann man daher nur zwei Schritte und von jedem Randfelde, das nicht Eckfeld ist, nur drei Schritte machen, während von jedem andern nicht am Rande liegenden Felde vier Schritte möglich sind. Ein Schritt nach rechts oder links heisse „horizontal“, ein Schritt nach oben oder unten „vertikal“. Die Regel, nach welcher sich beim Schachspiel der Springer bewegen darf, kann hiernach kurz so ausgesprochen werden: Er springt immer zugleich einen Schritt horizontal und zwei Schritte vertikal oder umgekehrt. Von zwei Feldern, zwischen denen der Springer sich in dieser Weise bewegen darf, oder, was dasselbe ist, die so liegen, dass sie um einen horizontalen und zwei vertikale Schritte oder umgekehrt von einander abstehen, wollen wir sagen, dass sie „sich rösseln.“ Die Bewegung zwischen zwei sich rösselnden Feldern heisse ein Sprung. Von jedem Eckfelde sind immer 2 Sprünge möglich, von jedem Randfeld, das einen Schritt von einem Eckfeld entfernt ist, sind 3 Sprünge möglich, während von einem Randfeld, das zwei oder mehr Schritte von einem Eckfeld entfernt ist, 4 Sprünge möglich sind. Ferner rösselt jedes Feld, das vom Rande um einen horizontalen und einen vertikalen Schritt entfernt ist, 4 Felder, dagegen rösseln die Felder, die vom einen Rande einen Schritt, von einem benachbarten Rande zwei Schritte entfernt sind, 6 Felder. Endlich rösselt ein Feld 8 Felder, wenn es von jedem Rande zwei oder mehr Schritte entfernt ist. Für ein gewöhnliches

Schachbrett von 64 Feldern sind daher von jedem Felde soviel Sprünge möglich, wie in der folgenden Figur durch die in die Felder gesetzten Zahlen angegeben wird:

2	3	4	4	4	4	3	2
3	4	6	6	6	6	4	3
4	6	8	8	8	8	6	4
4	6	8	8	8	8	6	4
4	6	8	8	8	8	6	4
4	6	8	8	8	8	6	4
3	4	6	6	6	6	4	3
2	3	4	4	4	4	3	2

Die Summe dieser Zahlen ist 336. Rechnet man daher einen Sprung von einem Felde zu einem anderen und den umgekehrten Sprung vom zweiten Felde zum ersten zurück nur als einen einzigen Sprung, so ergiebt sich 168 als die Anzahl der Springer-Züge auf einem gewöhnlichen Schachbrett. Diese Betrachtung kann man leicht auf ein rechteckiges Schachbrett von a mal b Feldern ausdehnen. Man erhält dann

$$2\,(2\,ab - 3\,a - 3\,b + 4)$$

als die Anzahl der Paare sich rösselnder Felder.

Das Eulersche Rösselsprung-Problem besteht nun in der Aufgabe, in die 64 Felder des Schachbretts die 64 Zahlen von 1 bis 64 derartig einzuschreiben, dass zwei Felder, die aufeinanderfolgende Zahlen enthalten, sich rösseln. Ersetzt man dann noch die Zahlen von 1 bis 64 durch 64 Silben, die in ihrem Zusammenhange einen Sinn geben, so entsteht die Aufgabe, nun umgekehrt die 64 Silben so abzulesen, dass die 64 Silben den gewünschten Sinn liefern, wobei der Löser einer solchen Aufgabe in fortwährendem Zweifel ist, welchen der verschiedenen noch möglichen Sprünge er von dem zuletzt betretenen Felde zu machen hat, ein Zweifel, der zu Anfang und bei den 16 Mittelfeldern, deren jedes 8 Felder rösselt, am meisten Verlegenheit bereitet. Von einer solchen Rösselsprung-Aufgabe geben wir hier das folgende Beispiel:

gend	sprach	ter	Zeit	Der	ruft	in	Äl
Va	te	nicht	ter	mein	Der	Va	nach
du	Ju	es	schon	Man	jagt	ter	war's
auch	zum	gu	ner	va	So	dir	ter
ter	Zeit	Es	klagt	chen	Herr	es	spricht
nach	ter	sprach's	o	Sohn	und	so	mit
te	va	Das	sprech	um	Brauch	ze	so
Al	zu	al	Groß	leib	zum	dich	der

Die Lösung solcher Rösselsprünge wird in den Unterhaltungszeitschriften meist in Form eines Diagramms gegeben, d. h., es werden die Mitten der aufeinanderfolgenden Felder durch gerade Linien verbunden. Man kann jedoch die Lösung auch so geben, dass man die im Rösselsprung aufeinanderfolgenden Felder der Reihe nach mit den Zahlen 1 bis 64 besetzt. Hier folgt die Lösung des obigen Rösselsprungs in beiderlei Form:

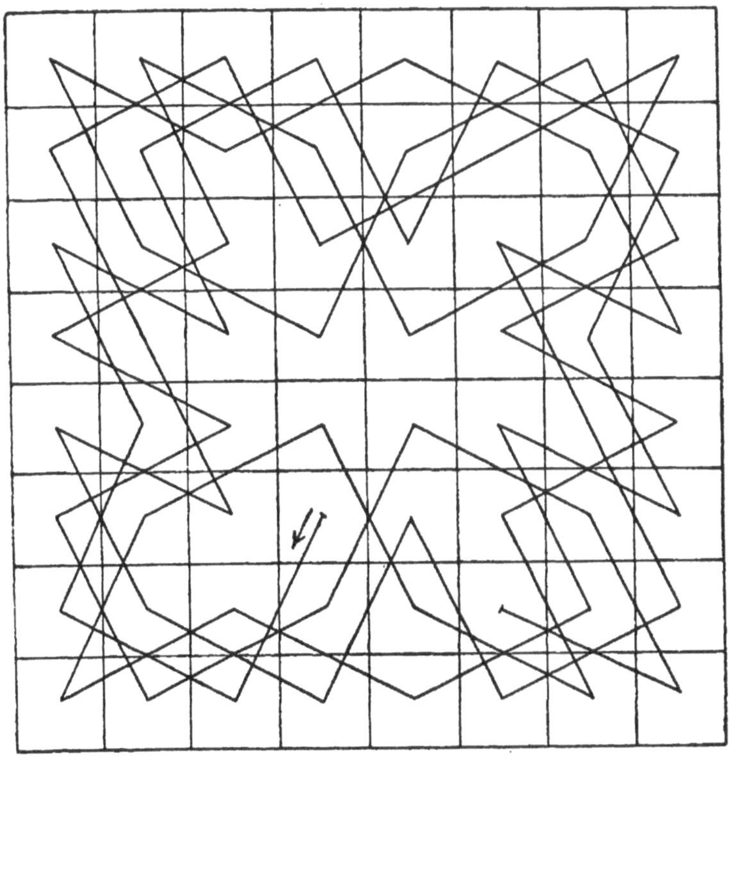

31	54	47	8	33	10	27	50
46	7	32	53	28	49	34	11
5	30	55	48	9	36	51	26
56	45	6	29	52	25	12	35
43	4	57	20	61	14	37	24
58	19	41	1	40	23	62	13
3	42	17	60	21	64	15	38
18	59	2	41	16	39	22	63

Wiewohl die Lösung solcher Rösselsprung-Aufgaben einige Geduld erfordert, so ist doch ungleich mehr Geduld dazu nötig, auch nur einen richtigen Rösselsprung zu f o r m i e r e n. Wenn man nämlich von einem beliebigen Anfangsfelde aus die Zahlen von 1 an nach der Regel des Springerzuges in die Felder einzuschreiben beginnt, so wird man bald finden, dass gewisse Felder leer bleiben, zu denen man nie gelangen kann, weil die Felder, von denen aus sie erreichbar sind, schon besetzt sind. Man wird dann anfangen, zu ändern; aber dann erkennt man bald, dass nun wieder andere nicht mehr erreichbare Felder leer bleiben, und erst nach langen Mühen wird man zu einem richtigen Rösselsprunge gelangen. Es giebt jedoch Methoden, durch welche man leicht auf richtige Rösselsprünge geführt wird, und diese sollen im Folgenden besprochen werden.

B. Geschichtliches.

In der Litteratur kommt das Problem, die 64 Felder durch die Zahlen von 1 bis 64 nach der Regel des Springerzuges zu besetzen, zuerst im Jahre 1759 vor, und zwar im 15. Bande der Memoiren der Berliner Akademie. Dort erzählt der berühmteste deutsche Mathematiker des vorigen Jahrhunderts Leonhard Euler, dass die Aufgabe in einer Gesellschaft von jemand vorgetragen sei, dem es zugleich gelang, von jedem Felde als Anfangsfeld aus das Problem richtig zu lösen. Euler fasste das Problem vom Standpunkte des Mathematikers auf, korrespondierte darüber mit Bertrand in Genf und veröffentlichte in der citierten Abhandlung Methoden, durch welche man aus jedem durch leer gebliebene Felder misslungenen Versuche allmählich zu einer richtigen Lösung gelangen muss. Ferner fügte Euler dann erschwerende Bedingungen hinzu, wie z. B. die ist, dass erst die 32 die Hälfte des Schachbretts bildenden Felder sämtlich besetzt sein müssen, ehe man zur andern Hälfte übergehen darf. In derselben Richtung wie Euler arbeitete an dem Probleme auch Vandermonde, Mitglied des französischen National-Instituts, dessen Abhandlung, welche die Aufgabe als eine der Geometrie der Lage betrachtete, in den Mémoires de Paris 1771 erschien. Dann gab 1773

Collini in Mannheim in einer besonderen Schrift eine Methode an, welche zwar nur zu einem kleinen Teile der vielen Lösungen des Problems, zu dieser aber mit Sicherheit führt. Diesen älteren Methoden stehen die von einigen neueren französischen Gelehrten gegenüber, welche von vornherein Prinzip in den Lauf des Springers bringen, während die Methoden Eulers und Vandermondes im wesentlichen nur darauf hinzielten, einen willkürlich angefangenen Springerlauf schliesslich so zu verbessern, dass ein richtiger Rösselsprung entsteht. Diese französischen Gelehrten sind namentlich die Herren Polignac und Laquière. Polignac veröffentlichte seine Rösselsprung-Untersuchungen teils in den Berichten der Pariser Akademie vom April 1861, teils im Jahrgang 1880 des „Bulletin de la Société Mathématique de France". Der obengenannte Jahrgang enthält auch die inhaltreiche Abhandlung von Laquière über das Rösselsprung-Problem. Von den Untersuchungen, welche das Rösselsprung-Problem in einem Rechteck von a mal b Feldern behandeln, ist die wichtigste die von Herrn Flye-Sainte-Marie, die im Aprilheft des Jahrgangs 1877 des Bulletin de la Société Mathématique de France veröffentlicht ist. Er erledigte in dieser Untersuchung den Fall, dass 4 mal 8 quadratisch geordnete Felder vorhanden sind, mit grösster Vollständigkeit, indem er sogar die genannte Zahl der möglichen Rösselsprünge berechnet, während doch die Anzahl der möglichen Rösselsprünge bei 8 mal 8 Feldern noch nicht einmal annähernd bestimmt ist. Endlich erweiterte der Verfasser dieses Buches das Rösselsprung-Problem dahin, dass statt eines Quadrats mit 8 mal 8 Feldern ein Würfel mit 4 mal 4 mal 4 Fächern vorliegt, und zwar im Jahrgang 1892 der „Naturwissenschaftlichen Wochenschrift".

C. Methoden Eulers und Vandermondes.

Wenn der Aufgabe, die 64 Felder des Schachbretts nacheinander vom Springer durchlaufen zu lassen, auf irgend eine Weise genügt ist, so lassen sich sehr mannigfache Änderungen des Ganges daraus ableiten. Namentlich lässt sich von einem Felde an, aus dem der Springer in das letzte Feld gelangen kann, die Reihenfolge der Felder umkehren. Wir gehen beispielsweise von dem folgenden Rösselsprung aus:

34	21	52	9	36	19	54	7
51	10	35	20	53	8	37	18
22	33	12	61	28	45	6	55
11	50	29	44	13	62	17	38
32	23	60	63	46	27	56	5
49	64	43	30	59	14	39	16
24	31	2	47	26	41	4	57
1	48	25	42	3	58	15	40

Da hier das mit 11 besetzte Feld das Schlussfeld 64 rösselt, so erhält man aus diesem Rösselsprung einen neuen, wenn man die Zahlen 1 bis 11 in ihren Feldern stehen lässt, dann aber die Zahl 64 durch 12, 63 durch 13, 62 durch 14 u. s. w. ersetzt, so dass schliesslich aus dem ursprünglich mit 12 bezeichneten Felde das die Zahl 64 aufnehmende Schlussfeld wird. Da in dem ursprünglichen Quadrate auch das Feld 47 sich mit dem Felde 64 rösselt, so erhält man aus dem ursprünglichen Rösselsprung einen zweiten abgeleiteten, wenn man die Zahlen 1 bis 47 in ihren Feldern stehen lässt, dann aber die Zahlen 48 bis 64 beziehungsweise durch die Zahlen 64 bis 48 ersetzt. Dieses Verfahren lässt sich dadurch beliebig fortsetzen, dass irgend ein das neu gewonnene Schlussfeld rösselnde Feld gerade so behandelt wird, wie oben die Felder 11 oder 47 behandelt wurden. Ja, es lässt sich sogar auf solche Weise erzielen, dass irgend ein vorgeschriebenes Feld Schlussfeld wird. Um dies deutlich erkennen zu lassen, wollen wir jedes der 64 Felder des Schachbretts kurz mit derjenigen Zahl bezeichnen, die in unserer obigen Figur hineingesetzt ist. Dann lässt sich der erste von den beiden abgeleiteten Rösselsprüngen kurz so bezeichnen:

1 bis 11, 64 bis 12.

Da das neue Schlussfeld 12 das Feld 53 rösselt, so folgt hieraus wieder der Rösselsprung:

1 bis 11, 64 bis 53, 12 bis 52.

Hieraus entsteht, weil das Feld 52 das Feld 33 rösselt:

1 bis 11, 64 bis 53, 12 bis 33, 52 bis 34 u. s. w.

Um nun z. B. das mit 40 bezeichnete Feld rechts unten zum Schlussfeld zu machen, beachte man die Springerzug-Folge:

64—29—30—41—40

und gestalte demgemäss den ursprünglichen Rösselsprung auf folgende Weise um:

1) 1 bis 29, 64 bis 30
2) 1 bis 29, 64 bis 41, 30 bis 40,

wodurch die gestellte Bedingung, dass das mit 40 besetzte Feld Schlussfeld werden soll, auf kürzeste Weise erfüllt ist. Man erkennt leicht, dass man sogar auf äusserst mannigfaltige Weise einen vorliegenden Rösselsprung in einen andern mit vorgeschriebenem Schlussfeld verwandeln kann, und ferner, dass man auf eben solche Weise auch jedes Feld zum Anfangsfeld machen kann, weil man bei der vorherigen Betrachtung jeden Gang des Springers genau rückwärts lesen kann.

Diese Methode, einen Rösselsprung so umzuformen, dass ein beliebig vorgeschriebenes Feld Schlussfeld wird, bildet die Grundlage der Lösung der für die praktische Herstellung von Rösselsprüngen wichtigen Aufgabe, eine durch den Springer erfolgte Felderbesetzung, die noch etliche nicht mehr erreichbare Felder leer gelassen hat, so zu verwandeln, dass die leeren Felder ausgefüllt werden und also ein richtiger Rösselsprung entsteht. Um die Lösung dieser

Aufgabe zu verdeutlichen, nehmen wir an, es sei jemand gelungen, 62 Felder des Schachbretts nacheinander durch Springerzüge zu bedecken, es seien ihm aber dabei 2 Felder leer und unerreichbar geblieben. Die Anordnung, auf die er gestossen ist, sei die folgende, wobei die leer gebliebenen Felder mit den Buchstaben a und b besetzt sind:

7	18	47	30	5	16	45	28
48	31	6	17	46	29	4	15
19	8	49	52	39	60	27	44
32	53	40	59	42	51	14	3
9	20	a	50	61	38	43	26
54	33	62	41	58	25	2	13
21	10	35	56	23	12	37	b
34	55	22	11	36	57	24	1

Hier kann man nun die Folge der Felder von 1 bis 62, durch welche der Springer geführt ist, gerade so wie oben die Folge von 1 bis 64 in eine andere verwandeln, in welcher das letzte Feld ein vorgeschriebenes ist. Demgemäss verwandele man die

Folge von 1 bis 62 in eine andere, in welcher das Schlussfeld ein Feld ist, das sich mit dem leer gebliebenen Felde a rösselt, wie es z. B. das hier von 10 besetzte Feld ist. Dadurch kommt die Zahl 62 auf das neu gewählte Schlussfeld, und es kann dann 63 auf das leer gebliebene Feld a geschrieben werden. Mit der erhaltenen Folge von 63 Feldern verfahre man auf dieselbe Weise, indem man sie in eine andere umwandelt, in welcher das letzte Feld einen Springer-Übergang nach dem zweiten leer gebliebenen Felde b gestattet. Schreibt man dann 64 in das Feld b, so hat man einen richtigen Rösselsprung erhalten. Wären mehr als zwei Felder leer geblieben, so würde man dieses Verfahren so oft wiederholen, wie noch leere Felder da sind. Um nun die Verwandlung des obigen Rösselsprungs-Versuchs in einen wirklichen Rösselsprung auszuführen, beachten wir, dass das leere Feld a vom Felde 10, 10 von 9 und 9 von dem vorläufigen Schlussfelde 62 gerösselt wird. Demgemäss bilden wir aus der Folge 1 bis 62 die neue Folge

1 bis 9, 62 bis 10,

der man nur das Feld a als 63tes anzuschliessen hat. Um nun die erhaltene Folge von 63 Feldern in eine solche zu verwandeln, der sich das Feld b anhängen lässt, hat man, wenn möglich, ein von a und ein von b gerösseltes Feld derartig zu bestimmen, dass in den beiden bestimmten Feldern zwei aufeinanderfolgende Zahlen stehen. Zwei solche Felder sind hier die von 58 und von 57 besetzten Felder. Dementsprechend verwandeln wir die obige Folge in:

1 bis 9, 62 bis 58, a, 10 bis 57,

woran man nur noch das Feld b anzuschliessen hat, um einen richtigen Rösselsprung zu erhalten. Besetzt man in demselben die aufeinanderfolgenden Felder der Reihe nach mit den Zahlen von 1 bis 64, so erhält man den folgenden Rösselsprung, der nunmehr keine leeren Felder mehr hat:

7	24	53	36	5	22	51	34
54	37	6	23	52	35	4	21
25	8	55	58	45	12	33	50
38	59	46	13	48	57	20	3
9	26	15	56	11	44	49	32
60	39	10	47	14	31	2	19
27	16	41	62	29	18	43	64
40	61	28	17	42	63	30	1

In dem so gefundenen Rösselsprung stehen die Zahlen 1 und 64 in zwei Feldern, die sich nicht rösseln. Schon seit Euler bevorzugt man aber solche Rösselsprünge, bei denen das Schlussfeld wieder das Anfangsfeld rösselt. Derartige Rösselsprünge, die man geschlossen nennt, haben die Eigentümlichkeit, dass jedes beliebige Feld als Anfangsfeld betrachtet werden kann, weil der Übergang von dem mit 64 besetzten Felde zu dem mit 1 besetzten durch einen Springerzug möglich ist. Unsere oben besprochene Methode, einen vorliegenden richtigen Rösselsprung in einen neuen zu

48	27	36	9	46	25	56	11
35	6	47	26	37	10	45	24
28	49	8	5	64	55	12	57
7	34	63	54	3	38	23	44
50	29	4	1	62	53	58	13
33	18	31	52	39	2	43	22
30	51	16	61	20	41	14	59
17	32	19	40	15	60	21	42

verwandeln, bei dem ein beliebig gewähltes Feld Schlussfeld wird, liefert auch die Umwandelung jedes ungeschlossenen Rösselsprungs in einen geschlossenen. Man hat nämlich nur ein das Anfangsfeld rösselndes Feld als Schlussfeld zu bestimmen und jene Methode anzuwenden. Um z. B. den zuletzt gefundenen Rösselsprung in einen geschlossenen zu verwandeln, hat man die hier mit

11 bis 17, 10 bis 1, 18 bis 31, 64 bis 57, 32 bis 45, 56 bis 46

besetzten Felder beziehungsweise mit den aufeinanderfolgenden Zahlen

1 bis 7, 8 bis 17, 18 bis 31, 32 bis 39, 40 bis 53, 54 bis 64

zu besetzen. Dadurch erhält man einen in sich zurücklaufenden und dadurch gewissermaassen 64fachen Rösselsprung, wie die Figur auf Seite 15 zeigt.

D. Methode von Collini.

Die Vermittelung zwischen den soeben besprochenen Methoden Eulers und Vandermondes und den neueren Methoden Polignacs und Laquières bildet die Methode, welche Collini in seiner in Mannheim 1773 erschienenen Schrift „Solution du problème du Cavalier an jeu des échecs" niedergelegt hat. Hiernach soll man sich das Schachbrett in zwei Gebiete geteilt denken, nämlich das Mittelquadrat, das aus den 16 symmetrisch um die Mitte gelagerten Feldern besteht, und den Rahmen, der aus den übrigen 48 Feldern besteht. Dann lautet die Regel Collinis folgendermassen:

„Man besetze erst 12 Felder des Rahmens so, dass man vom 12ten Felde in das Mittelquadrat springen kann. In diesem besetze man 4 Felder, die entweder ein Quadrat oder einen Rhombus bilden. Darauf besetze man wieder 12 Felder des Rahmens, dann wieder 4 Felder des Mittelquadrats u. s. w."

In der That erhält man auf solche Weise immer ohne Mühe und ohne Zweifel einen richtigen Rösselsprung, beispielsweise den folgenden:

40	23	52	7	38	21	50	5
53	8	39	22	51	6	37	20
24	41	14	47	30	61	4	49
9	54	31	62	15	48	19	36
42	25	46	13	64	29	60	3
55	10	63	32	45	16	35	18
26	43	12	57	28	33	2	59
11	56	27	44	1	58	17	34

E. Methode von Polignac und Laquière.

Auch die modernen Forscher in der Rösselsprung-Theorie betrachten, wie Collini, Teilquadrate von 4 mal 4 Feldern, nehmen aber nicht das Mittelquadrat, sondern die 4 Teilquadrate, die entstehen, wenn man durch die Mitte des Schachbretts zwei Parallelen zu den Rändern legt. Ein solches Teilquadrat liefert 4 geschlossene Springerläufe, über 4 Felder, wie die folgende Figur verdeutlicht:

c	d	b	a
b	a	c	d
d	c	a	b
a	b	d	c

Hier haben je vier mit demselben Buchstaben gefüllte Felder die Eigenschaft, dass der Springer dieselben so zu durchlaufen vermag, dass er vom vierten Felde wieder auf das erste zurückgelangen kann, und zwar kann dieses Durchlaufen immer in zwei verschiedenen Richtungen geschehen, nämlich entweder im Sinne der Drehung eines Uhrzeigers oder im entgegengesetzten Sinne. Einen solchen Springerlauf über 4 Felder, die in einem Quadrate von 16 Feldern so liegen, wie in der obigen Figur die mit gleichen Buchstaben besetzten Felder, wollen wir kurz einen Viersprung nennen. Es giebt vier Arten von Viersprüngen, die wir nach den oben eingeschriebenen Buchstaben a, b, c, d unterscheiden. Man beachte, dass jeder der beiden Viersprünge a und c die vier Ecken eines Rhombus besetzt, während jeder der beiden Viersprünge b und d die vier Ecken eines schrägliegenden Quadrats besetzt. Man bezeichne sich nun in den vier Teilquadraten immer die 4 mal 4 Felder, welche 4 Viersprünge gleicher Art bilden. Dann erhält man im ganzen 16 bezeichnete Felder, die der Springer immer auf mehrfache Art so durchwandern kann, dass er vom 16. Felde auf das erste zurückgelangen kann. Jeder Springerlauf über 16 derartig zusammengehörige Felder wollen wir einen Sechzehnsprung nennen, und zwar vom Typus A, B, C, D, je nachdem die vier besuchten Felder eines Teilquadrats dem Typus a, b, c, d angehören. In der folgenden Figur liefern also die 16 mit a bezeichneten Felder einen Sechzehnsprung vom Typus A. Ebenso geben die mit b, mit c, mit d bezeichneten Felder Sechzehnsprünge, die beziehungsweise den Typus A, B, C oder D haben.

c	d	b	a	c	d	b	a
b	a	c	d	b	a	c	d
d	c	a	b	d	c	a	b
a	b	d	c	a	b	d	c
c	d	b	a	c	d	b	a
b	a	c	d	b	a	c	d
d	c	a	b	d	c	a	b
a	b	d	c	a	b	d	c

Wenn man nun den Springer irgend einen Sechzehnsprung immer so machen lässt, dass derselbe nach

Absolvierung desselben zu einem andern Sechzehn-Sprung übergehen kann, so erhält man stets einen richtigen geschlossenen Rösselsprung. So formierte Rösselsprünge zeigen, gegenüber den aus Versuchen hervorgegangenen, mehr Symmetrie und Regelmässigkeit, die am deutlichsten hervortritt, wenn man sie graphisch darstellt, d. h. die Mitten aufeinanderfolgender Felder durch Strecken verbindet. Als Beispiel diene der folgende Rösselsprung, bei welchem die Typen der aufeinanderfolgenden Sechzehnsprünge C, D, A, B sind:

10	27	56	39	14	29	58	43
55	38	11	28	57	42	15	30
26	9	40	53	32	13	44	59
37	54	25	12	41	60	31	16
8	23	52	33	4	17	62	45
51	36	5	24	61	48	1	18
22	7	34	49	20	3	46	63
35	50	21	6	47	64	19	2

Bei diesem Rösselsprung sind die 16 Felder jedes Sechszehnsprungs in solcher Reihenfolge durchschritten, dass immer erst die vier Felder jedes Viersprungs nacheinander besucht sind. Es ist dies jedoch durchaus nicht erforderlich, wie der folgende Rösselsprung zeigt, der auch die Typenfolge CDAB hat, bei dem aber in jedem der vier Sechzehnsprünge zunächst immer nur drei Felder jedes Teilquadrats besetzt und dann erst die ausgelassenen Felder erledigt sind:

2	27	54	39	4	25	56	37
53	40	3	26	55	38	5	24
28	1	46	63	30	15	36	57
41	52	29	16	47	62	23	6
12	17	64	45	14	31	58	35
51	42	13	32	61	48	7	22
18	11	44	49	20	9	34	59
43	50	19	10	33	60	21	8

Es setzt sich dieser Rösselsprung also wohl aus 4 Sechzehnsprüngen, aber nicht aus 16 Viersprüngen zusammen.

Was diejenigen Rösselsprünge betrifft, die sich aus 16 vollständig erledigten Viersprüngen zusammensetzen, so lassen sich dieselben auf folgende Weise schematisch darstellen. Man hänge den Zeichen a, b, c, d für die vier Arten von Viersprüngen die Zahlen 1, 2, 3, 4 als Indices an, je nachdem der Viersprung in dem Teilquadrat oben links, oben rechts, unten rechts oder unten links gemeint ist. Dadurch lässt sich z. B. der erste von den beiden obigen Rösselsprüngen auf folgende Weise schematisch darstellen:

$c_3 \; c_4 \; c_1 \; c_2 \; d_3 \; d_4 \; d_1 \; d_2 \; a_4 \; a_1 \; a_2 \; a_3 \; b_4 \; b_1 \; b_2 \; b_3$.

Wenn man nun umgekehrt ein solches Schema und zugleich das Anfangsfeld kennt, so ist der ganze Lauf des Rösselsprungs eindeutig bestimmt, weil die angehängten Indices angeben, in welches Teilquadrat man nach Erledigung eines Viersprungs gelangen muss und dadurch jeder Zweifel über die Reihenfolge der Besetzung der Felder getilgt wird. So führt das Schema

$c_1 \; c_4 \; c_3 \; c_2 \; d_1 \; d_4 \; d_3 \; d_2 \; a_2 \; a_1 \; a_4 \; a_3 \; b_2 \; b_1 \; b_4 \; b_3$

zu einem geschlossenen Rösselsprung, den der Leser auf S. 23 durch Zahlen dargestellt findet.

Wenn man die Reihenfolge der 16 Zeichen eines Schemas unverändert lässt und nur den Anfang wechselt, so erhält man Rösselsprünge, welche zu den 63 gehören, die aus jedem geschlossenen Rösselsprunge durch Wechsel des Anfangsfeldes abgeleitet werden können.

In den obigen Beispielen sind immer die vier Viersprünge eines und desselben Typus nacheinander wiederholt und dadurch Sechzehnsprünge gebildet. Man gelangt jedoch bei einiger Aufmerksamkeit auch dann leicht zu richtigen Rösselsprüngen, wenn man

3	18	53	38	15	32	51	34
54	39	2	17	52	35	14	31
19	4	37	56	29	16	33	50
40	55	20	1	36	49	30	13
5	22	57	44	9	28	63	48
58	41	8	21	64	45	12	27
23	6	43	60	25	10	47	62
42	59	24	7	46	61	26	11

immer nach Erledigung eines Vierprungs zu einem neuen Viersprung übergeht, unbekümmert darum, ob derselbe von gleichem oder von verschiedenem Typus ist. Bei dem folgenden Schema eines richtigen Rösselsprungs ist z. B. jeder Typus immer nur zweimal wiederholt:

$a_4 \quad a_8 \quad b_2 \quad b_1 \quad c_8 \quad c_4 \quad d_3 \quad d_2 \quad a_2 \quad a_1 \quad b_4 \quad b_3 \quad c_1 \quad c_2 \quad d_1 \quad d_4.$

Dieses Schema liefert den auf S. 24 befindlichen Rösselsprung:

Die nach der Methode von Polignac und Laquière auffindbaren Rösselsprünge zeichnen sich zwar vor allen übrigen durch Symmetrie und Eleganz aus; sie bilden aber doch nur eine kleine Gruppe in der Gesamtheit aller möglichen geschlossenen Rösselsprünge und können

51	58	13	38	53	32	11	34
14	39	52	57	12	35	54	31
59	50	37	16	29	56	33	10
40	15	60	49	36	9	30	55
23	62	41	4	17	28	47	8
42	1	24	61	48	5	18	27
63	22	3	44	25	20	7	46
2	43	64	21	6	45	26	19

deshalb in keiner Weise einen Beitrag zur Lösung der Hauptfrage liefern, welche eine Bildungsmethode verlangt, die von vornherein zu allen möglichen Rösselsprüngen führt und dadurch auch eine Berechnung ihrer Anzahl gestattet. Diese Hauptfrage ist bis jetzt noch nicht gelöst.

F. Rösselsprünge auf weniger als 64 Feldern.

Wenn man statt des Schachbretts mit seinen acht mal acht Feldern ein Quadrat oder Rechteck mit weniger Feldern zu Grunde gelegt, so vermindern sich die Schwierigkeiten für die Lösung der am Schluss von E angedeuteten Hauptfrage beträchtlich. Beispielsweise ist diese Hauptfrage vollständig gelöst für den Fall, dass das Rechteck, in dem ein Rösselsprung verlaufen soll, aus 4 mal 8 Feldern besteht, also die Hälfte des Schachbretts ist. Die darauf bezügliche Untersuchung verdankt man Herrn Flye-Sainte-Marie (Bulletin de la Société Mathématique de France, 1877). Derselbe teilt zunächst die 32 Felder des halben Schachbretts in zwei Gruppen von je 16, wie die folgende Figur zeigt:

	a		a		a		a
	i		i		i		i
i		i		i		i	
a		a		a		a	

Die mit Buchstaben versehenen Felder bilden die eine Gruppe, die übrigen Felder die andere Gruppe, Jede Gruppe hat 8 äussere und 8 innere Felder. In der obigen aus besetzten Feldern bestehenden Gruppe sind die 8 äusseren Felder durch den Buchstaben a, die 8 inneren durch den Buchstaben i gekennzeichnet. Es lässt sich nun streng beweisen, dass die folgenden drei Bedingungen notwendig erfüllt werden müssen, damit durch die 32 Felder ein richtiger Rösselsprung geführt werden kann:

1. Es ist notwendig, dass die 16 Felder jeder Gruppe nach einander durchlaufen werden;

2. von den beiden Feldern, auf denen jede durchlaufene Gruppe anfängt und aufhört, muss das eine ein äusseres, das andere ein inneres sein;

3. das Anfangsfeld und das Schlussfeld des ganzen Rösselsprungs müssen beide äussere Felder sein; es giebt daher keine geschlossenen Rösselsprünge.

Beachtet man diese Bedingungen, so gelangt man bei einiger Aufmerksamkeit zu allen denkbaren Rösselsprüngen, ohne Gefahr zu laufen, dass schliesslich Felder, die nicht mehr erreicht werden können, leer geblieben sind. Sobald man aber eine jener drei Bedingungen nicht festhält, erkennt man bald, dass unerreichbare Felder leer bleiben müssen. Ein durch Festhaltung der obigen Bedingungen entstandener Rösselsprung ist z. B. der folgende:

26	11	30	7	32	13	22	5
29	8	27	12	23	6	19	16
10	25	2	31	14	17	4	21
1	28	9	24	3	20	15	18

Da keine anderen Rösselsprünge existieren können, als solche, die den von Flye-Sainte-Marie aufgestellten Bedingungen gehorchen, so ist man auch imstande, die Gesamtzahl aller bei 4 mal 8 Feldern möglichen Rösselsprünge anzugeben. Es sind im ganzen 7772 Möglichkeiten vorhanden, den Springer ein solches Halbschachbrett durchlaufen zu lassen, wobei von zwei symmetrischen Rösselsprüngen immer nur der eine gezählt ist. Mit Hilfe dieser Resultate zeigte Laquière im Bulletin de la Société Mathématique de France (März 1888) die verschiedenen Möglichkeiten, auf einem vollständigen Schachbrett geschlossene Rösselsprünge von der besonderen Art herzustellen, dass der Springer erst nur die 32 Felder der einen Schachbretthälfte vollständig erledigt, ehe er zu den 32 Feldern der andern Hälfte überspringt. Obwohl die so entstehenden Rösselsprünge nur einen winzigen Teil aller überhaupt möglichen bilden, so ergiebt sich doch für sie schon die stattliche Zahl:

31 054 144.

Es ist ein naheliegender, auch schon von Euler ausgesprochener Gedanke, durch die Gruppierung der Felder, auf denen ein Rösselsprung verläuft, eine aus irgend welchem Grunde interessierende Figur zu bilden. So lieben es die Unterhaltungszeitschriften, interessante oder elegante Figuren von Feldern vorzulegen, wie etwa die Figur des eisernen Kreuzes. Auch kann man dadurch, dass man vom gewöhnlichen Schachbrett gewisse Felder frei lässt, eine Figur bilden. So formierte der Verfasser zum 17. August 1886, dem hundertjährigen Todestage Friedrichs des Grossen, den folgenden Rösselsprung, bei dem die leeren Felder den Anfangsbuchstaben F von Friedrich bilden, während die Silben in den besetzten Feldern eine Stelle aus Schubart's Hymnus auf Friedrich den Grossen bilden.

				Rings	fall	ein	die
	Der	um		wie	Völ	chen	vom
	chen	ten	rer	Bei	der	ten	Gott
		Hel	wi	staun	gross	Wip	Ei
	nick	vor	ihm	fel	ser	Es	des
	den	Jah	die	und	To	im	Has
	ihm	ster	Sie	ren	stand	Frei	des
Gei	ben	Schaa	re	17/8 1786	Feld	der	er

Unter den verschiedenen Abarten des Rösselsprungproblems sind am einfachsten diejenigen zu behandeln, bei denen wenigstens die Figur des Rechtecks beibehalten wird. Sehr bald erkennt man, dass dann bei weniger als 12 Feldern kein Rösselsprung möglich ist, und dass auch bei vier mal vier Feldern keine vollständige Besetzung aller Felder durch den Springer ausgeführt werden kann. Aber bei 3 mal 4 Feldern sind schon einige Rösselsprünge möglich, z. B.:

10	7	4	1
5	2	9	12
8	11	6	3

Bei Quadraten ist 25 die geringste Felderzahl, um Rösselsprünge zu ermöglichen. Als Beispiel diene der folgende:

5	22	17	12	7
16	11	6	23	18
21	4	25	8	13
10	15	2	19	24
3	20	9	14	1

G. Gleichsummige central-symmetrische Rösselsprünge.

Fügt man dem Eulerschen Rösselsprungproblem erschwerende Bedingungen hinzu, so erfordern die Lösungen meist sehr grosse Geduld. Die härteste Geduldprobe bestand wohl vor einigen Jahrzehnten ein in Mähren auf dem Lande lebender pensionierter Beamter, namens Wenzelides, der sich die Aufgabe stellte, in die 64 Felder eines Schachbretts die Zahlen von 1 bis 64 so einzubeschreiben, dass dieselben nicht allein einen geschlossenen Rösselsprung bilden, sondern dass auch die 8 Zahlen in jeder horizontalen und in jeder vertikalen Reihe eine und dieselbe Summe, nämlich 260, ergeben. Nach Jahre lang fortgesetzten Bemühungen fand Wenzelides mehrere Lösungen seines Problems, die in der Berliner Schachzeitung veröffentlicht sind, und von denen hier drei (S. 30, 31, 32) folgen sollen, die zugleich central-symmetrische Rösselsprünge darstellen, d. h. solche, bei denen die Verbindungsstrecke zweier Felder, deren Zahlen sich um 32 unterscheiden, vom Centrum halbiert wird. Man bemerke jedoch, dass die Rösselsprünge des Wenzelides keine magischen Quadrate darstellen, weil die in den beiden Diagonalen stehenden Zahlen nicht die konstante Summe 260 ergeben.

63	14	37	24	51	26	35	10
22	39	62	13	36	11	50	27
15	64	23	38	25	52	9	34
40	21	16	61	12	33	28	49
17	60	1	44	29	48	53	8
2	41	20	57	6	55	32	47
59	18	43	4	45	30	7	54
42	3	58	19	56	5	46	31

15	42	3	58	5	52	31	54
2	59	14	43	30	55	50	7
41	16	57	4	51	6	53	32
60	1	44	13	56	29	8	49
17	40	61	24	45	12	33	28
64	21	38	19	36	25	48	9
39	18	23	62	11	46	27	34
22	63	20	37	26	35	10	47

H. Rösselsprünge in den Fächern eines Würfels.

Die vom Verfasser angegebene Ausdehnung des Rösselsprungproblems von zwei auf drei Dimensionen verlangt, die 4 mal 4 mal 4 würfelförmigen Fächer, in die ein Würfel zerlegt werden kann, mit den Zahlen von 1 bis 64 so zu besetzen, dass zwei aufeinanderfolgende Zahlen in einer von den drei Hauptrichtungen um 1 Fach, in irgend einer andern Hauptrichtung um 2 Fächer von einander abstehen. Wir haben uns also eine Schicht von 4 mal 4 würfelförmigen Fächern vorzustellen, die auf horizontaler Basis an einander anschliessen, und deshalb oben ein Quadrat von 4 mal

15	42	55	32	17	34	27	38
54	31	16	41	28	37	18	35
43	14	29	56	33	20	39	26
30	53	44	13	40	25	36	19
51	4	57	8	45	12	21	62
58	7	52	1	24	61	46	11
3	50	5	60	9	48	63	22
6	59	2	49	64	23	10	47

4 Feldern bilden. Auf dieser Schicht ruht eine zweite ebenso beschaffene Schicht, auf dieser eine dritte und auf ihr eine vierte kongruente Schicht. Jedes der so entstandenen 64 Fächer denken wir uns nun durch eine Zahl besetzt, und es handelt sich darum, die Fächer durch die Zahlen von 1 bis 64 so zu besetzen, dass zwei aufeinanderfolgende Zahlen in zwei Fächern stehen, die in der einen der drei Hauptrichtungen um zwei, in einer andern um ein Fach entfernt sind. Die drei Hauptrichtungen sind natürlich erstens von links nach rechts, zweitens von vorn nach hinten, drittens von oben nach unten oder umgekehrt. Man beachte daher, dass jedes der 8 Eckfächer 6 Ausgänge hat, dass zweitens von jedem der 24 Kantenfächer, die nicht

Eckfächer sind, 8 Fächer durch den Raumspringer erreicht werden können, dass drittens jedes der 24 Flächenfächer, die nicht Kantenfächer sind, 10 Fächer rösselt, und dass viertens von jedem der 8 ganz im Innern um die Mitte herum liegenden Fächer 12 Fächer auf die angegebene Weise erreicht werden können. Die grosse Anzahl der in einem Würfel von jedem Fach aus durch den räumlichen Springerzug erreichbaren Fächer macht das Problem, derartige Würfelrösselsprünge zusammenzustellen, besonders interessant. Ebenso gewinnt das Problem, umgekehrt einen in 64 Silben aufgegebenen Rösselsprung zu lösen, dadurch bedeutend an Interesse, dass man die Silben statt in 8 mal 8 Feldern in 4 mal 4 mal 4 Fächer geschrieben denken muss. Da das Papier nur zweidimensional, ein Silben-Würfelrösselsprung aber dreidimensional ist, so kann derselbe nur in Quadraten von je 16 Feldern angegeben werden, die man sich als die Oberflächen der in 4 Schichten von oben nach unten liegenden Fächer vorstellen mag. Z. B.:

Erste Schicht.

jung	grünt	he	Doch
lacht	die	fast	und
es	frün	ne	run
Son	ter	spriesst	lich

Zweite Schicht.

Früh	ter	klom	dem
be	In	ger	Lie
len	ling	Wal	men
do	lust	be	Jun

Dritte Schicht

du	dich	ne	lang
Tö	ge	flö	ich
schon	Wie	zend	zo
Schluck	gne	hör	test

Vierte Schicht

Und	will	trä	auch
be	Nach	dein	kom
sei	ist	gall	lig
ti	see	men	Lied

Die Lösung dieses Würfelrösselsprungs ist folgende:

10	7	22	17
21	18	9	6
8	11	20	23
19	24	5	12

27	62	15	2
14	1	26	63
61	28	3	16
4	13	64	25

42	37	56	51
55	52	43	40
38	41	50	53
49	54	39	44

57	30	47	36
48	33	58	31
29	60	35	46
34	45	32	59

Die Methode, nach welcher der Verfasser diesen Würfelrösselsprung gebildet hat, ist im allgemeinen der neueren französischen Methode für die Herstellung gewöhnlicher Rösselsprünge nachgebildet, indem immer je vier aufeinanderfolgende Zahlen einen Viersprung in einem Quadrate bilden, dessen Ebene einer der sechs Seitenflächen des Würfels parallel ist. Nach einem anderen etwas komplizierteren Gesetze ist der folgende Würfelrösselsprung zusammengesetzt:

24	39	58	9
19	28	51	62
38	45	4	11
47	32	17	64

35	44	3	14
50	31	18	1
23	42	55	8
20	27	52	61

22	29	54	59
25	40	57	10
48	33	16	63
37	46	5	12

49	34	15	2
36	43	6	13
21	30	53	60
26	41	56	7

Es ist naheliegend, den dreidimensionalen Rösselsprung vom Würfel auf das rechtwinklige Parallelepipedon auszudehnen Als Beispiel diene der folgende Rösselsprung, der in 3 mal 4 mal 6 Fächer verläuft:

Erste Schicht.

61	14	59	10	51	6
2	25	72	15	66	19
27	44	31	48	35	50

Zweite Schicht.

58	11	62	7	54	9
71	22	69	18	63	16
30	41	28	45	38	47

Dritte Schicht.

3	60	13	56	5	52
26	1	24	65	20	67
43	32	39	36	49	34

Vierte Schicht.

12	57	4	53	8	55
23	70	21	68	17	64
40	29	42	33	46	37

§ 2.

Das Nonnenspiel oder Solitärspiel.

A. Einleitendes.

Seit Anfang des 17. Jahrhunderts hat sich bei allen civilisierten Völkern ein Geduldspiel eingebürgert, das in Norddeutschland Nonnenspiel und sonst meist Solitärspiel genannt wird. Es besteht aus einem Kästchen, in welchem sich 32 Holzpflöckchen befinden und in dessen Deckel 33 Löcher von solcher Grösse angebracht sind, dass die Pflöckchen gerade hineingesteckt werden können und dann senkrecht auf dem Deckel stehen. Bei den in Deutschland üblichen Nonnenspielen bilden die 33 Löcher des Deckels die folgende Figur:

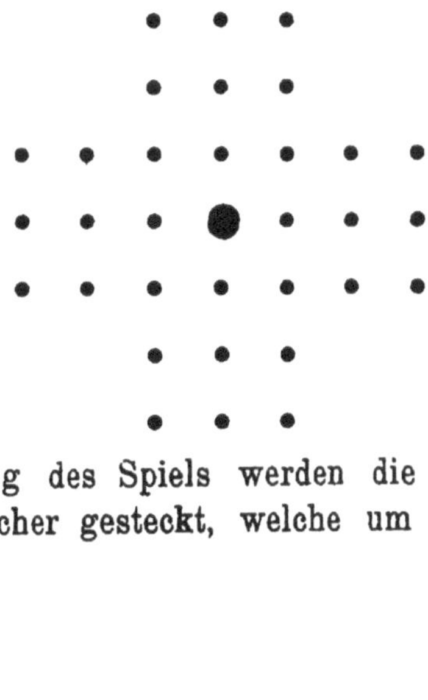

Bei Anfang des Spiels werden die 32 Pflöckchen in die 32 Löcher gesteckt, welche um das Mittelloch, das frei bleibt, symmetrisch gruppiert sind. Die Spielregel besteht darin, dass, wenn von drei horizontal oder vertikal nebeneinander liegenden Löchern das eine äussere frei, das andere äussere aber und das mittlere Loch besetzt sind, der in diesem andern äusseren Loch steckende Pflock herausgenommen und in das freie äussere Loch gesteckt werden darf, wobei aber dann notwendigerweise auch der mittlere Pflock entfernt werden muss. Jede derartige Pflockveränderung soll ein „Zug" heissen. Es ist klar, dass durch jeden Zug ein Pflock vom Spielbrett verschwindet. Gewöhnlich betrachtet man als Ziel des Geduldspiels, die Züge so einzurichten, dass schliesslich nur noch ein einziger Pflock übrig bleibt. Zur Erreichung dieses Zieles sind natürlich 31 Züge erforderlich. Dem Ungeübten wird es jedoch gewöhnlich so ergehen, dass ihm schon in der Mitte des Spiels Pflöcke stehen bleiben, die nach der Zugregel nicht mehr entfernt werden können. Man begnügt sich daher oft damit, nur dafür zu sorgen, dass möglichst wenige Pflöcke stehen bleiben. Nur bei grosser Übung und viel Geduld wird es jemand gelingen, alle Pflöckchen bis auf einen zu entfernen; ja, es lässt sich sogar erreichen, dass der zuletzt übrig bleibende Pflock beim 31. Zuge gerade auf das Mittelloch gelangt. Bisweilen wird es auch als das Ziel des Nonnenspiels betrachtet, es so einzurichten, dass auf ganz bestimmten, vorher bezeichneten Löchern Pflöckchen stehen bleiben, wobei diese Löcher dann gewöhnlich eine interessante Figur bilden. Andrerseits sucht man auch Probleme zu lösen, welche davon ausgehen, dass nicht alle Löcher des Spielbretts besetzt sind, sondern nur solche, deren Pflöckchen ein Kreuz, ein Quadrat, ein Achteck oder sonst eine elegante Figur bilden, und man betrachtet es dann gewöhnlich als das Ziel des Geduldspiels, diese Pflöckchen sämtlich zu entfernen, bis auf ein einziges, das beim letzten Zuge gerade auf das Mittelloch geraten soll.

Um die verschiedenen Probleme stellen, kritisieren und lösen zu können, müssen wir eine Bezeichnung der 33 Löcher einführen. Es ist zweckmässig und übersichtlich, sich dabei die Bezeichnung der Felder des Damenbretts für Schachaufgaben zum Muster zu nehmen, und demgemäss die Vertikalkolumnen von links nach rechts, der Reihe nach, durch die sieben Buchstaben von A bis G, dagegen die horizontalen Reihen, von unten nach oben, der Reihe nach, durch die 7 Zahlen von 1 bis 7 zu bezeichnen. So wird dann jedes Loch durch die Verknüpfung einer Zahl mit einem Buchstaben unzweideutig gekennzeichnet, nämlich so, wie folgt:

		C7	D7	E7		
		C6	D6	E6		
A5	B5	C5	D5	E5	F5	G5
A4	B4	C4	D4	E4	F4	G4
A3	B3	C3	D3	E3	F3	G3
		C2	D2	E2		
		C1	D1	E1		

Mit Hilfe dieser Bezeichnung kann man auch die Züge selbst symbolisch darstellen; und zwar empfiehlt es sich, einen Zug, welcher einen Pflock von einem Loch in ein anderes versetzt, wie einen Bruch zu bezeichnen, dessen Zähler das Zeichen des Anfangslochs und dessen Nenner das Zeichen des Schlusslochs ist. So würde z. B. $\frac{E4}{C4}$ den Zug bedeuten, bei welchem ein in E4 steckender Pflock auf das unbesetzte Loch C4 rückt, was nach der Spielregel nur gestattet ist, wenn das dazwischenliegende Loch D4 besetzt und der in D4 steckende Pflock bei dem Zuge entfernt wird. Aus dieser Bezeichnung der Züge geht hervor, dass bei jeder Zugbezeichnung die beiden oberhalb und unterhalb des Striches stehenden Zeichen entweder gleiche Zahlen oder gleiche Buchstaben haben. Im ersten Falle müssen die beiden Buchstaben solche sein, dass zwischen ihnen nur ein Buchstabe im Alphabet vorhanden ist, im zweiten Falle müssen die beiden Zahlen sich um 2 unterscheiden.

Wir beginnen mit einem von den oben zuletzt erwähnten Problemen, bei welchen nur ein Teil der sämtlichen Löcher des Spielbretts besetzt ist und dann verlangt wird, dass schliesslich nur ein Pflock im Mittelloch stehen bleibt. Bei jedem dieser Probleme bezeichnen die schattierten Felder die anfänglich als besetzt betrachteten Löcher. Zu jedem Problem ist eine Lösung mitgeteilt, bei der die soeben eingeführte Bezeichnung der Züge benutzt ist. Die Züge sind natürlich in der aus der Numerierung hervorgehenden Reihenfolge zu machen.

9 Pflöcke, die ein Kreuz bilden:

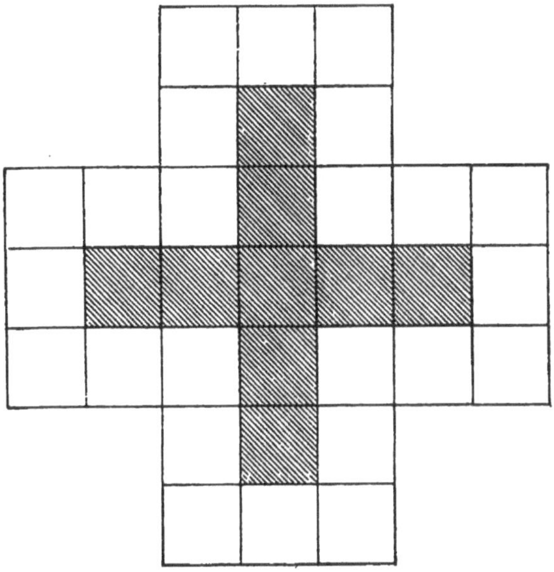

Lösung: 1) $\frac{D3}{D1}$, 2) $\frac{D5}{D3}$, 3) $\frac{B4}{D4}$, 4) $\frac{D4}{D2}$,

5) $\frac{F4}{D4}$, 6) $\frac{D1}{D3}$, 7) $\frac{D3}{D5}$, 8) $\frac{D6}{D4}$.

Von Problemen, welche umgekehrt von dem besetzten Spielbrett ausgehen und dann verlangen, dass schliesslich eine vorgeschriebene Figur übrig bleibt, sei beispielsweise das folgende erwähnt: Die Löcher des Spielbretts sind, mit Ansnahme des mittleren, D 4, sämtlich besetzt. Dann soll so gezogen werden, dass schliesslich 11 Pflöcke übrig bleiben, die so zu einander stehen, wie die schattierten Felder in der folgenden Figur zu einander liegen:

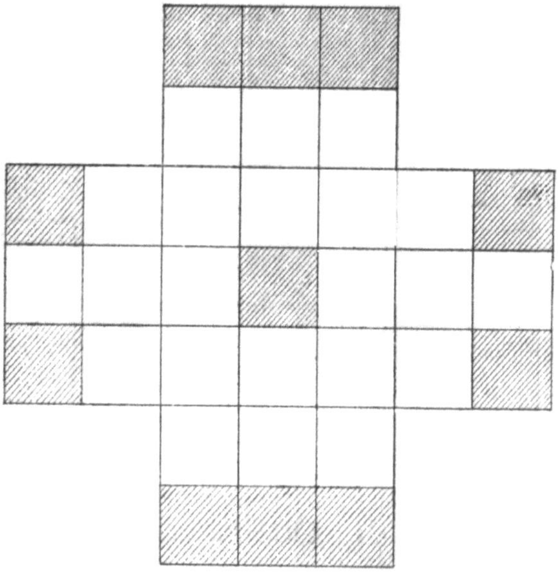

Lösung: 1) $\frac{B4}{D4}$, 2) $\frac{C3}{C4}$, 3) $\frac{E2}{C2}$, 4) $\frac{C5}{C3}$, 5) $\frac{C2}{C4}$, 6) $\frac{E5}{C5}$,

7) $\frac{E7}{E5}$, 8) $\frac{F5}{D5}$, 9) $\frac{F3}{F5}$, 10) $\frac{D3}{F3}$, 11) $\frac{C6}{E6}$, 12) $\frac{C5}{E5}$,

13) $\frac{E5}{E7}$, 14) $\frac{A3}{C3}$, 15) $\frac{A5}{A3}$, 16) $\frac{C3}{C5}$, 17) $\frac{C5}{A5}$, 18) $\frac{G3}{E3}$,

19) $\frac{G5}{G3}$, 20) $\frac{E3}{E5}$, 21) $\frac{E5}{G5}$.

Gewöhnlich sucht man beim Nonnenspiel nicht die beiden soeben besprochenen Arten von Aufgaben zu lösen, sondern man betrachtet es als das Ziel des Spiels, so zu ziehen, dass alle Pflöcke, bis auf einen, entfernt, oder, wie man nach Analogie des Damespiels sagt „geschlagen“ werden. Man kann sich diese Aufgabe dann noch dadurch erschweren, dass man es so einzurichten sucht, dass der allein übrig bleibende Pflock auf ein vorher bestimmtes Loch zu stehen kommt, gerade so wie man auch als das anfänglich allein leere Loch statt des mittleren irgend ein anderes wählen kann. Das anfangs allein leere Loch soll im folgenden immer Anfangsloch, das am Schluss allein besetzte Loch Schlussloch der Zugserie heissen. Es ist beweisbar, dass bei beliebig gewähltem Anfangsloch nicht jedes, sondern nur einige ganz bestimmte Löcher Schlusslöcher werden können. Wenn man also zwei ganz beliebige Löcher als Anfangs- und als Schlussloch auswählt, so kann es leicht vorkommen, dass das Problem, alle Pflöcke bis auf den letzten zu entfernen, ganz unlösbar ist. Wohl aber ist das Problem immer lösbar, wenn man nur das Anfangsloch, nicht aber auch das Schlussloch von vornherein willkürlich bestimmt. Insbesondere lässt sich beweisen, dass das Nonnenspiel immer gelingen kann, wenn man die Bestimmung trifft, dass ein beliebig gewähltes Loch Anfangs- und Schlussloch zugleich sein soll. Doch erfordert die Auffindung auch nur einer einzigen Lösung dieses Problems sehr viel Geduld. Als Beispiel für eine solche Lösung wählen wir die von Reiss in Frankfurt a. M. im 54. Bande des „Crelleschen Journals für reine und angewandte Mathematik“ gelieferte Lösung der Aufgabe, von den 32 Pflöcken, welche die sämtlichen Löcher des Nonnenspiels mit Ausnahme des Mittellochs besetzen, 31 Pflöcke nach der Spielregel zu entfernen und es dabei so einzurichten, dass der allein auf dem Brett bleibende 32te Pflock berade auf das Mittelloch zu stehen kommt. Diese Lösung lautet:

1) $\frac{F4}{D4}$, 2) $\frac{E6}{E4}$, 3) $\frac{D4}{F4}$, 4) $\frac{E2}{E4}$, 5) $\frac{G3}{E3}$, 6) $\frac{G5}{G3}$,
7) $\frac{D3}{F3}$, 8) $\frac{G3}{E3}$, 9) $\frac{E4}{E2}$, 10) $\frac{C5}{E5}$, 11) $\frac{F5}{D5}$, 12) $\frac{A5}{C5}$,
13) $\frac{D5}{B5}$, 14) $\frac{C7}{C5}$, 15) $\frac{E7}{C7}$, 16) $\frac{C4}{C6}$, 17) $\frac{C7}{C5}$, 18) $\frac{B5}{D5}$,
19) $\frac{D6}{D4}$, 20) $\frac{B3}{D3}$, 21) $\frac{C1}{C3}$, 22) $\frac{D3}{B3}$, 23) $\frac{E1}{C1}$, 24) $\frac{E2}{C2}$,
25) $\frac{C1}{C3}$, 26) $\frac{A4}{C4}$, 27) $\frac{C4}{C2}$, 28) $\frac{A3}{C3}$, 29) $\frac{C2}{C4}$, 30) $\frac{C4}{E4}$,
31) $\frac{F4}{D4}$.

B. Geschichtliches.

In der französischen „Encyklopédie methodique“ wird berichtet, dass das Nonnenspiel von einem französischen Reisenden erfunden sei, als derselbe in Amerika beobachtete, wie die Indianer ihre Pfeile an den Wänden ihrer Hütten aneinander reihten. Andre behaupten, dass das Spiel aus China stamme, wo es schon in sehr alter Zeit gespielt sein soll. Sichere Nachrichten über das Nonnenspiel finden sich jedoch nicht früher, als aus dem Anfang des 18. Jahrhunderts, und zwar in der ersten Veröffentlichung der Berliner Akademie, den Miscellanea Berolinensia vom Jahre 1710. Hier macht Leibnitz, der Begründer der Akademie, auf das Nonnenspiel aufmerksam, und zwar in einer „Annotatio de quibusdam ludis“ genannten Abhandlung. Er führt das

Spiel mit den Worten ein: „Non ita pridem increbuit ludi genus singulare quem Solitarium appellant.“ Ferner schreibt Leibnitz in einem an Herrn von Montmort gerichteten und vom 17. Januar 1716 datierten Briefe folgendes über das Nonnenspiel: „Das Solitarium genannte Spiel hat mir ziemlich gut gefallen. Ich habe dasselbe gerade umgekehrt aufgefasst. Statt nämlich nach der Spielregel die Pflöcke vom Brett dadurch zu entfernen, dass man mit einem Pflock über einen andern Pflock auf einen leeren Platz springt und den übersprungenen Pflock herausnimmt, fange ich lieber mit einem leeren Brett an und fülle die übersprungenen leeren Plätze aus. So zerstöre ich nicht, sondern schaffe. Vor allem kann ich mir dann die Aufgabe stellen, eine gewünschte Figur aus den hingesetzten Pflöcken zu bilden, die sicher herstellbar ist, falls es mir nach der alten Spielregel gelingt, sie zu zerstören.“ Dieser Vorschlag von Leibnitz, der übrigens das Wesen des Spiels gar nicht ändert, hat wohl damals keine Verbreitung oder keinen Beifall gefunden, da das Spiel, wie es scheint, sowohl früher wie jetzt immer so gespielt wird, dass die Pflöcke e n t f e r n t werden. Von Leibnitz bis zur Mitte unsres Jahrhunderts findet sich das Nonnenspiel hier und da erwähnt, ohne dass jedoch irgendwo näher darauf eingegangen wird. Im Jahre 1853 aber schrieb Reiss in Frankfurt a. M. eine Abhandlung über die Theorie des Spiels, die 1857 dann auch in das Crellesche Journal (Band 54) aufgenommen wurde. Die nach dieser grundlegenden Arbeit von Reiss erschienenen Abhandlungen über das Nonnenspiel liefern zwar Erweiterungen und Ergänzungen, aber nichts wesentlich

Neues. Besonders beachtenswert ist von diesen Abhandlungen die von Hermary verfasste und 1879 durch die Association française pour l'avancement des sciences (Congrès de Montpellier) veröffentlichte Arbeit, sowie die sehr eingehende Besprechung, die Lucas in seinen „Récréations" dem Spiel zu teil werden lässt. Diese Besprechung ist auch in der hier vorliegenden Erörterung vielfach benutzt.

C. Theorie des Nonnenspiels.

Nur einige von den Resultaten der mathematischen Behandlung des Spiels mögen hier Platz finden. Zunächst ist zu beachten, dass es für die Theorie des Spiels gleichgültig ist, welche Figur die Löcher des Spielbretts mit einander bilden, und dass es daher übersichtlicher ist, von einem unbegrenzten Spielbrett mit quadratisch geordneten Löchern in beliebig grosser Anzahl auszugehen. Dann fragt es sich, ob man nicht Reihen von aufeinanderfolgenden Zügen, der Vereinfachung wegen, zu einem einzigen Zuge zusammenfassen kann. Dies erweist sich als wichtig und praktisch nur in dem Falle, wo 5 Löcher die Figur des T bilden, eins der beiden äusseren Löcher leer und die vier übrigen Löcher besetzt sind. Dann lässt sich immer so ziehen, dass die Pflöcke in den drei inneren Löchern verschwinden. Man hat nämlich, wenn in der beistehenden Figur a′ das leere Loch bedeutet, folgende drei Züge zu thun:

$\frac{a}{a'}, \frac{d}{b}, \frac{a'}{a};$

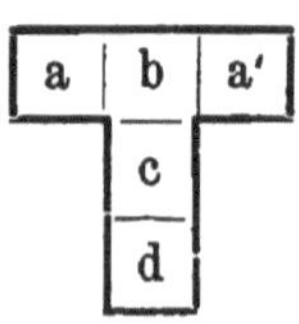

Man kann daher diese drei Züge dadurch zu einem „Tripelzug" zusammenfassen, dass man den in a stecken-den Pflock stehen lässt und die b, c, d stehenden Pflöcke einfach fortnimmt. Natürlich bleibt die Sache dieselbe, wenn die 5 Löcher statt der obigen Figur eine der drei folgenden Figuren bilden:

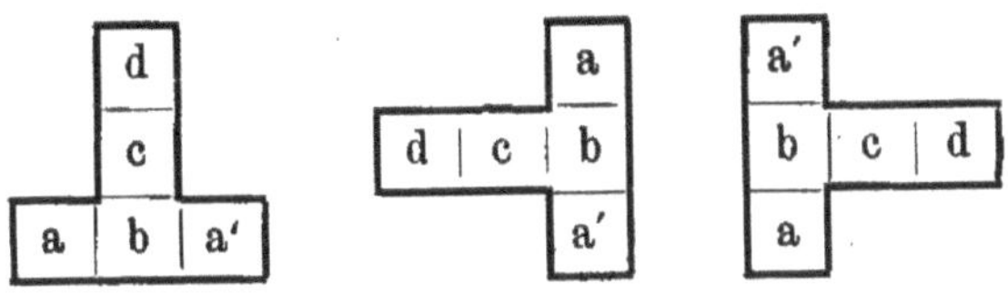

Jeden solchen Tripelzug wollen wir durch (b, c, d) bezeichnen, wenn b, c, d die drei Mittellöcher bedeuten. Beispielsweise lässt sich die Entleerung der 25 mittleren

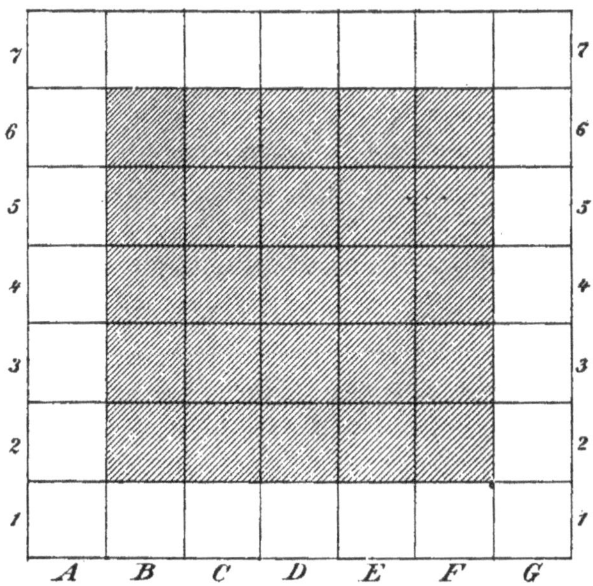

1. (B4, B5, B6).	5. (F4, F3, F2).
2. (C4, C5, C6).	6. (E4, E3, E2).
3. (D6, E6, F6).	7. (D2, C2, B2).
4. (D5, E5, F5).	8. (D3, C3, B3).

Löcher in einem Schachbrett von 7 mal 7 Löchern, dessen Rand frei ist, bloss durch Tripelzüge bewerkstelligen, wie aus der vorstehenden Figur und Tripelzugserie hervorgeht. Die Serie von 8 Tripelzügen entfernt von den 25 Pflöcken des mittleren Quadrats alle bis auf den im Mittelloch D4 stehenden Pflock.

Um eins der Hauptresultate in der oben erwähnten Abhandlung von Reiss verstehen zu können, müssen wir den Begriff der Kongruenz zweier Löcher einführen. Der Übergang von einem Loch zu einem horizontal oder vertikal daneben befindlichen soll ein Schritt heissen. Dann nennt man zwei Löcher kongruent, wenn sie in horizontaler Richtung um 0, 3, 6, 9, ... Schritte und zugleich in vertikaler Richtung um 0, 3, 6, 9, ... Schritte entfernt sind. Beispielsweise sind auf dem folgenden Quadrat, in dem die 8 mal 8 Felder Löcher des Nonnenspiels bedeuten sollen, die mit gleichen Ziffern beschriebenen Löcher einander kongruent.

Man erkennt aus der Figur, dass auch auf dem unbegrenzt gedachten Spielbrett nicht mehr als 9 Gruppen von einander kongruenten Löchern vorhanden sein können. Denn, wenn man ein beliebiges Quadrat von 3 mal 3 Löchern auszeichnet, so muss jedes sonst noch existierende Loch einem dieser 9 Löcher kongruent sein.

1	2	3	1	2	3	1	2
4	5	6	4	5	6	4	5
7	8	9	7	8	9	7	8
1	2	3	1	2	3	1	2
4	5	6	4	5	6	4	5
7	8	9	7	8	9	7	8
1	2	3	1	2	3	1	2
4	5	6	4	5	6	4	5

Es ergeben sich also auch auf dem Spielbrett des Nonnenspiels, wenn es die gewöhnliche Form mit 33 Löchern hat, nur 9 Gruppen einander kongruenter Löcher. Mit Hilfe des Begriffs der Kongruenz lässt sich nun der folgende von Reiss bewiesene Lehrsatz aussprechen: Wenn das Spielbrett die übliche Form von 33 Löchern hat, so muss bei jeder Lösung Anfangsloch und Schlussloch kongruent sein. Da jedes Loch sich selbst kongruent ist, so kann es natürlich auch vorkommen, dass das Schlussloch mit dem Anfangsloch identisch ist. Umgekehrt ist auch von Reiss bewiesen, dass bei einem Spielbrett von 33 Löchern jedes Problem, das verlangt, alle Pflöcke bis auf einen durch Schlagen zu entfernen, mindestens eine Lösung besitzt, sobald ein beliebiges Loch als Anfangsloch und ein dazu kongruentes als Schlussloch vorgeschrieben sind. Dadurch lassen sich die lösbaren Probleme nach der Wahl der Anfangs- und Schlusslöcher bequem einteilen. Behufs dessen unterscheiden wir die folgenden 9 Gruppen einander kongruenter Löcher:

		C7	D7	E7		
		C6	D6	E6		
A5	B5	C5	D5	E5	F5	G5
A4	B4	C4	D4	E4	F4	G4
A3	B3	C3	D3	E3	F3	G3
		C2	D2	E2		
		C1	D1	E1		

1) D4, A4, D7, G4, D1;
2) C4, C7, F4, C1;
3) E4, E7, B4, E1;
4) C5, C2, F5;
5) D5, A5, G5, D2;
6) E5, B5, E2;
7) C3, C6, F3;
8) D3, D6, A3, G3;
9) E3, B3, E6.

Da nun in jeder Gruppe jedes Loch Anfangsloch und dieses selbst, sowie jedes andere Loch derselben Gruppe Schlussloch sein kann, so erhalten wir aus der ersten Gruppe 5 mal 5, also 25 Probleme, aus der zweiten, dritten, fünften und achten Gruppe je 16 Probleme, endlich aus der vierten, sechsten, siebenten, neunten Gruppe je 9 Probleme. Dies ergiebt im ganzen 125 Probleme. Diese Zahl lässt sich aber erheblich herabsetzen, und zwar zuvörderst durch die Überlegung, dass durch genaue Umkehrung einer ein Problem lösenden Zugserie immer die Lösung eines andern Problems hervorgeht, wenn Anfangs- und Schlussloch verschieden sind. Betrachtet man zwei solche Probleme nur als ein einziges, so erhält man aus der ersten Gruppe nur 15 Probleme, aus der zweiten, dritten, fünften und achten Gruppe je 10 Probleme und aus der vierten, sechsten, siebenten und neunten Gruppe je 6 Probleme, so dass die Zahl 125 nun auf 79 herabgesetzt ist. Eine weitere Reduktion der Problemzahl wird durch die Symmetrie des Spielbretts hervorgerufen. Denkt man das Spielbrett um einen, zwei oder drei rechte Winkel im Sinne eines Uhrzeigers oder im entgegengesetzten Sinne gedreht, so nehmen meist neue Löcher die Lagen der alten ein, und so werden Probleme, die, der Bezeichnung nach, verschieden erscheinen, dem Wesen nach identisch. Löcher, die sich im eben angedeuteten Sinne nur durch die Stellung des Spielbretts unterscheiden, sollen *symmetrische* heissen. Der Symmetrie nach kann man die Löcher in die folgenden 7 Gruppen teilen, so dass jedes Loch einer Gruppe mit jedem andern Loche derselben Gruppe symmetrisch liegt:

I D4;
II C4, D5, E4, D3;
III C5, E5, E3, C3;
IV B4, D6, F4, D2;
V B3, B5, C6, E6, F5, F3, E2, C2;
VI A4, D7, G4, D1;
VII A3, A5, C7, E7, G5, G3, E1, C1.

Wenn man alle Probleme, bei denen ebensowohl die Anfangslöcher wie die Schlusslöcher zu einander symmetrisch sind, auch noch zu einem einzigen Probleme zusammenfasst, so erhält man schliesslich im ganzen nur 16 wesentlich verschiedene Probleme. Dieselben folgen hier. Voran steht das Anfangsloch, dahinter das Schlussloch. Jedes sonst noch denkbare lösbare Problem muss sich als nicht wesentlich verschieden von einem der 16 Probleme erweisen.

1) D 4 bis D 4; 2) D 4 bis G 4; 3) G 4 bis G 4;
4) G 4 bis D 7; 5) G 4 bis A 4; 6) E 4 bis E 4;
7) E 4 bis E 7; 8) E 7 bis E 7; 9) E 4 bis B 4;
10) E 7 bis B 4; 11) E 7 bis E 1; 12) B 4 bis B 4;
13) E 5 bis E 5; 14) E 5 bis E 2; 15) E 2 bis E 2;
16) E 2 bis B 5.

Für jedes dieser 16 Probleme hat Reiss eine Lösung gegeben. Doch ist zu beachten, dass immer ausserdem noch andere Lösungen existieren. Die Reissschen Lösungen der obigen 16 wesentlich verschiedenen Probleme lauten:

1) D4 bis D4 ist schon oben angeführt;

2) D4 bis G4; ebenso wie 1), nur der letzte Zug muss $\frac{E4}{G4}$ statt $\frac{F4}{D4}$ heissen;

3) G4 bis G4; ebenso wie 2), nur der erste Zug muss $\frac{E4}{G4}$ statt $\frac{F4}{D4}$ heissen;

4) G4 bis D7 wird durch folgende Zugreihe gelöst:

$\frac{E4}{G4}$, $\frac{E2}{E4}$, $\frac{D4}{F4}$, $\frac{G3}{E3}$, $\frac{G4}{E4}$, $\frac{E4}{E2}$, $\frac{E1}{E3}$, $\frac{C1}{E1}$,
$\frac{C2}{E2}$, $\frac{D3}{F3}$, $\frac{E1}{E3}$, $\frac{F3}{D3}$, $\frac{C4}{C2}$, $\frac{A3}{C3}$, $\frac{A5}{A3}$, $\frac{D3}{B3}$,

$\frac{A3}{C3}$, $\frac{C2}{C4}$, $\frac{E6}{E4}$, $\frac{G5}{E5}$, $\frac{E4}{E6}$, $\frac{E7}{E5}$, $\frac{C7}{E7}$, $\frac{C6}{E6}$,

$\frac{D5}{F5}$, $\frac{E7}{E5}$, $\frac{F5}{D5}$, $\frac{B4}{D4}$, $\frac{D4}{D6}$, $\frac{B5}{D5}$, $\frac{D5}{D7}$;

5) G4 bis A4; die ersten 24 Züge wie in 4), dann aber weiter:

$\frac{C4}{C6}$, $\frac{E5}{C5}$, $\frac{E7}{E5}$, $\frac{B5}{D5}$, $\frac{E5}{C5}$, $\frac{C6}{C4}$, $\frac{C4}{A4}$;

6) E4 bis E4 wird durch die folgende Zugreihe gelöst:

$\frac{E6}{E4}$, $\frac{G5}{E5}$, $\frac{E4}{E6}$, $\frac{G4}{E4}$, $\frac{E3}{E5}$, $\frac{G3}{E3}$, $\frac{D3}{F3}$, $\frac{E1}{E3}$,

$\frac{F3}{D3}$, $\frac{C3}{E3}$, $\frac{D1}{D3}$, $\frac{E3}{C3}$, $\frac{B3}{D3}$, $\frac{C1}{C3}$, $\frac{D3}{B3}$, $\frac{A3}{C3}$,

$\frac{A5}{A3}$, $\frac{B5}{B3}$, $\frac{C4}{C2}$, $\frac{A3}{C3}$, $\frac{C2}{C4}$, $\frac{D5}{B5}$, $\frac{C7}{C5}$, $\frac{E7}{C7}$,

$\frac{C4}{C6}$, $\frac{C7}{C5}$, $\frac{B5}{D5}$, $\frac{E6}{C6}$, $\frac{D4}{D6}$, $\frac{C6}{E6}$, $\frac{E6}{E4}$;

7) E4 bis E7; ebenso wie 6), nur der l e t z t e Zug muss $\frac{E5}{E7}$ statt $\frac{E6}{E4}$ heissen;

8) E7 bis E7; ebenso wie 7), nur der e r s t e Zug muss $\frac{E5}{E7}$ statt $\frac{E6}{E4}$ heissen;

9) E4 bis B4; in den ersten 27 Zügen ebenso wie 6), dann aber weiter:

$\frac{E6}{E4}, \frac{E4}{C4}, \frac{D6}{D4}, \frac{D4}{B4};$

10) E7 bis B4; ebenso wie 9), nur der erste Zug muss $\frac{E5}{E7}$ statt $\frac{E6}{E4}$ heissen;

11) E7 bis E1; in den ersten sechs Zügen wie 10), dann 24 Züge horizontal-symmetrisch zu dem 7. bis 30. Zuge in 6) und als 31. Zug endlich $\frac{E3}{E1}$;

12) B4 bis B4 wird durch folgende Zugreihe gelöst:

$\frac{D4}{B4}, \frac{C6}{C4}, \frac{A5}{C5}, \frac{C4}{C6}, \frac{C7}{C5}, \frac{E7}{C7}, \frac{E6}{C6}, \frac{D5}{B5},$

$\frac{C7}{C5}, \frac{B5}{D5}, \frac{C2}{C4}, \frac{A3}{C3}, \frac{C4}{C2}, \frac{C1}{C3}, \frac{E1}{C1}, \frac{E2}{C2},$

$\frac{D3}{B3}, \frac{C1}{C3}, \frac{B3}{D3}, \frac{E4}{E6}, \frac{G5}{E5}, \frac{G3}{G5}, \frac{D5}{F5}, \frac{G5}{E5},$

$\frac{E6}{E4}, \frac{F4}{D4}, \frac{D4}{D2}, \frac{F3}{D3}, \frac{D2}{D4}, \frac{A4}{C4}, \frac{D4}{B4}.$

13) E5 bis E5 wird durch folgende Zugreihe gelöst:

$\frac{E3}{E5}, \frac{G3}{E3}, \frac{G5}{G3}, \frac{F5}{F3}, \frac{E2}{E4}, \frac{G3}{E3}, \frac{E4}{E2}, \frac{E1}{E3},$

$\frac{C1}{E1}, \frac{C2}{E2}, \frac{D3}{F3}, \frac{E1}{E3}, \frac{F3}{D3}, \frac{D5}{F5}, \frac{E7}{E5}, \frac{F5}{D5},$

$\frac{C5}{E5}$, $\frac{D7}{D5}$, $\frac{E5}{C5}$, $\frac{B5}{D5}$, $\frac{C7}{C5}$, $\frac{D5}{B5}$, $\frac{A5}{C5}$, $\frac{A3}{A5}$,

$\frac{B3}{B5}$, $\frac{C4}{C6}$, $\frac{A5}{C5}$, $\frac{C6}{C4}$, $\frac{C3}{E3}$, $\frac{C4}{E4}$, $\frac{E3}{E5}$.

14) E5 bis E2; ebenso wie 13), nur der letzte Zug muss $\frac{E4}{E2}$ statt $\frac{E3}{E5}$ heissen;

15) E2 bis E2; ebenso wie 14), nur der erste Zug muss $\frac{E4}{E2}$ statt $\frac{E3}{E5}$ heissen;

16) E2 bis B5; die ersten 28 Züge so wie 15), dann aber weiter:

$\frac{D3}{B3}$, $\frac{D4}{B4}$, $\frac{B3}{B5}$.

D. Französische Spielbretter.

Die Lösungen der 16 wesentlich verschiedenen Probleme in C beziehen sich nur auf das in Deutschland übliche Spielbrett mit 33 Löchern. In Frankreich und einigen andern Ländern sind jedoch Spielbretter mit 37 Löchern üblich, die die Gestalt umstehender Figur haben.

Bei solchen Spielbrettern darf, wie Reiss in seiner Abhandlung bewiesen hat, nicht jedes beliebige Feld als Anfangsfeld gewählt werden, wenn es gelingen soll, alle Pflöcke bis auf einen zu entfernen. Beispielsweise ist das Nonnenspiel ganz unlösbar, wenn man anfangs das Mittelfeld allein frei lässt. Nur 16 Felder dürfen als Anfangsfelder gewählt werden, damit das Problem

		C7	D7	E7		
	B6	C6	D6	E6	F6	
A5	B5	C5	D5	E5	F5	G5
A4	B4	C4	D4	E4	F4	G4
A3	B3	C3	D3	E3	F3	G3
	B2	C2	D2	E2	F2	
		C1	D1	E1		

der Entleerung lösbar werde. Diese 16 Felder zerfallen in vier Gruppen von je vier einander kongruenten Feldern, nämlich:

Erste Gruppe: D5, G5, D2, A5;
Zweite Gruppe: D3, D6. G3, A3;
Dritte Gruppe: C4, C7, F4, C1;
Vierte Gruppe: E4, E7, E1, B4.

Reiss hat nun bezüglich dieser vier Gruppen den folgenden Lehrsatz bewiesen: *Wenn das Anfangsfeld in der ersten Gruppe gewählt wird, so muss ein Feld der zweiten Gruppe Schlussfeld werden, oder umgekehrt; ebenso, wenn das Anfangsfeld in der dritten Gruppe gewählt wird, so muss ein Feld in der vierten Gruppe Schlussfeld werden, oder umgekehrt.* Insbesondere kann also niemals eins der möglichen 16 Anfangsfelder zugleich auch Schlussfeld werden.

Hermary hat in der oben zitierten Abhandlung auch eine Lösung für den Fall gegeben, dass das Spielbrett 41 Löcher und die folgende Form hat:

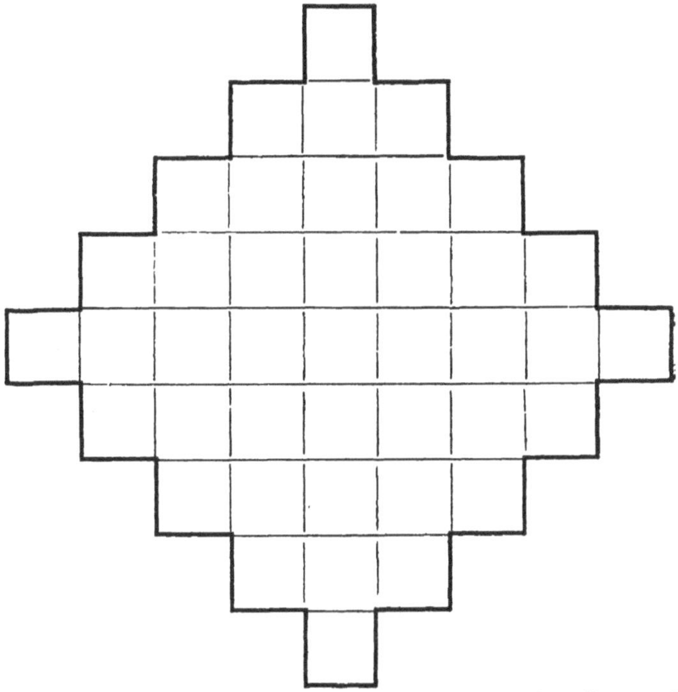

Wahrscheinlich ist bei einem solchen Spielbrett die Zahl der lösbaren Probleme noch beschränkter als bei einem Spielbrett mit 37 Löchern. Hermary ist sogar der Ansicht, dass ausser der von ihm gefundenen Lösung und derjenigen, bei welcher die Zugreihe genau umgekehrt ist, keine Lösung weiter existiert. Doch ist das noch nicht bewiesen. Überhaupt ist bezüglich der Theorie des Nonnenspiels auf beliebig gestalteten Spielbrettern noch viel zu erledigen. Auch ist über die Anzahl der Lösungen eines lösbaren Problems noch gar nichts bekannt.

§ 3.

Eulersche Wanderungen.

Innerhalb Königsbergs bildet der Pregel eine „Kneiphof“ genannte Insel. Über die beiden Flussarme, welche diese Insel bilden, führen 7 Brücken, von denen 5 auf die Insel selbst führen und 2 die beiden Arme schon vorher überschreiten, ehe dieselben die Insel umschliessen, wie die folgende mehr schematisch als topographisch aufzufassende Figur zeigt, in der das Wasser schattiert, Land und Brücken nicht schattiert sind.

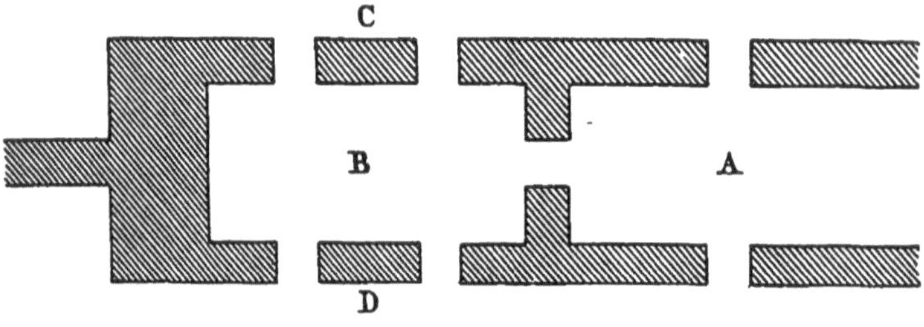

Hier bedeutet B die Insel, A das Land zwischen den beiden Flussarmen, C und D das Land rechts und links von diesen Flussarmen. Um das Jahr 1775 erhob sich nun eine Diskussion darüber, ob es möglich sei, einen Spaziergang in Königsberg so einzurichten, dass man alle 7 Brücken in beliebiger Reihenfolge, jede aber nur einmal passiert. Man erkennt leicht, dass es unmöglich sein muss. Als Leonhard Euler, der berühmte Mathematiker des vorigen Jahrhunderts, von diesem Problem hörte, verallgemeinerte er dasselbe, indem er statt der vier Landflächen eine beliebige Anzahl setzte, zwischen denen Brücken und Wasserläufe in beliebiger Anordnung sich befinden. Er schrieb eine Abhandlung darüber, die er 1736 der Petersburger Akademie vorlegte. Da es bei dem Königsberger Problem und allen ähnlichen Problemen nicht auf die Grösse der Landflächen und Brücken, sondern nur auf die Vielfachheit der Zugänglichkeit ankommt, so ersetzt man, um die Übersicht zu erleichtern, die Landflächen am besten durch Punkte und die Brücken durch Linien. Dadurch entseht aus dem Problem der Königsberger Brücken das Problem, die folgende Figur in einem einzigen Zuge herzustellen, oder, was dasselbe ist, die 7 Linien der Figur ohne Unterbrechung so zu durchwandern, dass jede Linie einmal, aber auch nur einmal, passiert wird.

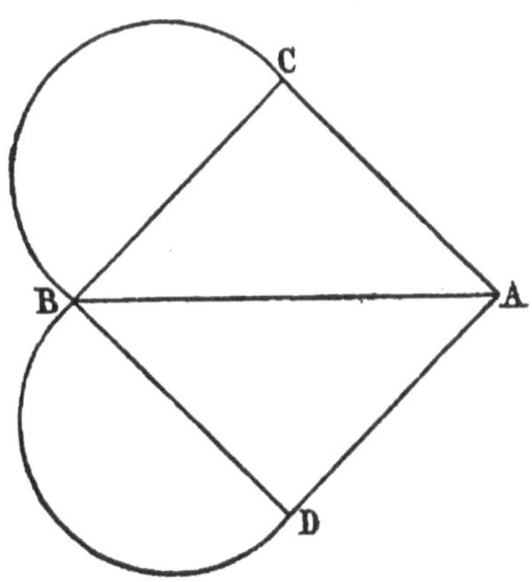

Aus diesem Problem sind die mannigfachen Aufgaben entstanden, welche verlangen, eine beliebige Figur in einem einzigen Zuge oder in einer vorgeschriebenen Anzahl von Zügen zu zeichnen, Aufgaben, welche gelegentlich in Unterhaltungs- und in Jugend-Zeitschriften auftreten. Die Lösung aller solcher Probleme gestaltet sich durch die folgende Überlegung äusserst einfach. Jeder Punkt, der nicht Anfangs- und nicht Endpunkt einer Durchwanderung der Figur ist, muss zwei oder vier oder sechs oder überhaupt eine gerade Anzahl von Ausgängen haben, da man immer hinkommen und auch wieder fortkommen muss. Wenn also eine Figur keine Punkte mit einer ungeraden Anzahl von Zugängen besitzt, sondern, wenn von jedem ihrer Punkte eine gerade Anzahl von Wegen ausgeht, so muss die Figur immer in einem einzigen Zuge herstellbar sein. Dabei kann dann jeder Punkt als Ausgangspunkt gewählt werden, muss aber dann zugleich Schlusspunkt werden, sodass sich bei einer solchen Figur in sich zurücklaufende Rundreisen einrichten lassen, bei denen jeder Punkt mindestens einmal besucht wird, jede Linie aber einmal und nur einmal durchwandert wird. Beispielweise lässt sich jede der folgenden Figuren leicht auf mannigfache Weise in einem einzigen Zuge herstellen, weil alle Punkte immer eine gerade Anzahl von Ausgängen besitzen.

Was die Punkte mit einer u n g e r a d e n Anzahl von Ausgängen betrifft, so lässt sich zunächst einsehen, dass solche Punkte immer in gerader Anzahl vorhanden sein müssen. Um dies einzusehen, denke man sich auf jeden Punkt die Anzahl seiner Ausgänge hin-

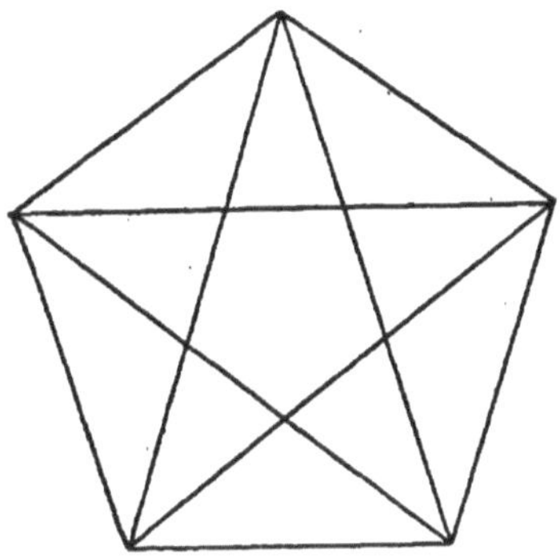

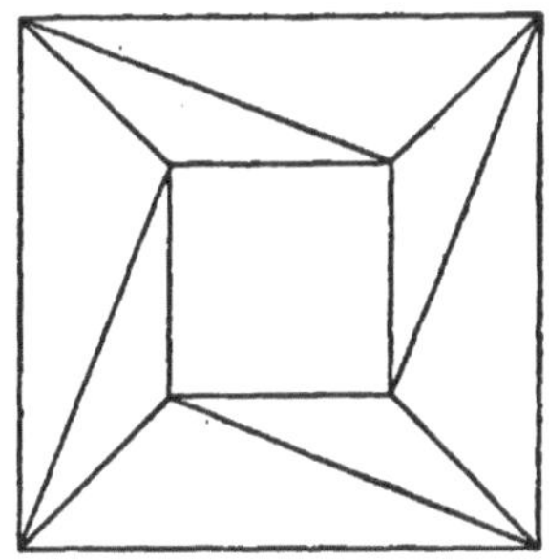

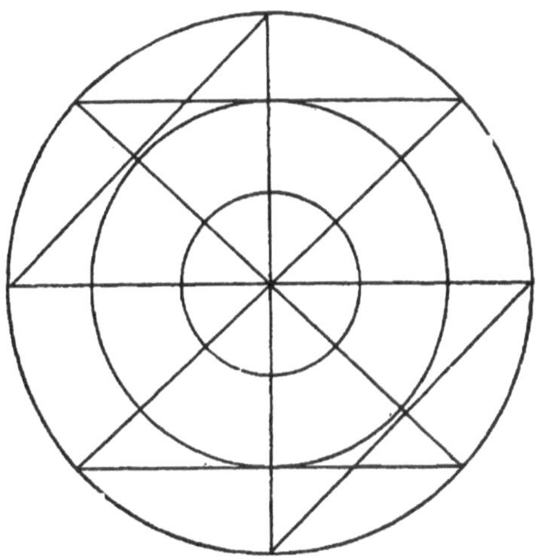

geschrieben. Die Gesamtsumme der so erhaltenen Zahlen muss ergeben, wieviel *Linien* die Figur besitzt, wobei jedoch zu beachten ist, dass jede Linie dabei sowohl in ihrem einen wie in ihrem andern Endpunkte gerechnet ist. Folglich ist jene Gesamtsumme das Doppelte der Anzahl aller Linien, also eine *gerade* Zahl. Von dieser geraden Zahl denke man sich alle geraden Zahlen abgezogen, welche bei den sämtlichen Punkten der Figur stehen. Da durch diese Subtraktion wieder eine gerade Zahl entstehen muss, so ist hiermit bewiesen, dass die Summe der an Punkten der Figur stehenden ungeraden Zahlen immer eine gerade sein muss. Da man endlich von einer ungeraden Zahl immer eine gerade subtrahieren muss, um auf die Zahl 1 zu kommen, so folgt nun, dass die Anzahl der Punkte, die eine ungerade Anzahl von Ausgängen haben, gerade sein muss.

Betrachten wir nun zunächst eine Figur, welche ausser Punkten, von denen eine gerade Anzahl von Wegen abführt, nur zwei Punkte besitzt, die eine ungerade Anzahl von Ausgängen haben. Dann kann keiner dieser Punkte Zwischenstation auf einer Wanderung über die Linien dieser Figur sein, weil man immer nach Erreichung eines Punktes auf dem einen Wege, auf einem andern Wege ihn wieder verlassen muss, was nur bei einer geraden Anzahl von Zugängen erreichbar ist. Hieraus folgt, dass der eine der beiden Punkte mit ungerader Ausgangszahl Anfangsstation, der andere Endstation werden muss. Beispielsweise lässt sich die folgende Figur auf mehrfache Weise in einem einzigen Zuge herstellen, aber immer nur, wenn von den Punkten A und Z der eine Anfangspunkt, der andere Schlusspunkt wird.

Eine der vielen möglichen Lösungen ist z. B. der folgende Zug:

A B C D E Z F G H J A H K G Z D L C A M C N D M N H M G N Z.

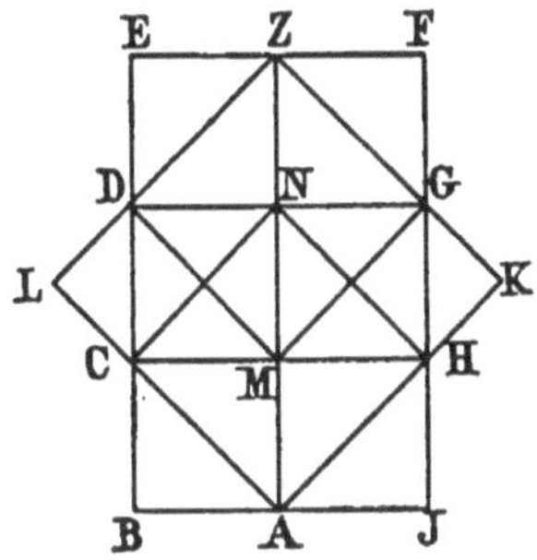

In derselben Weise erkennt man nun leicht, dass, wenn eine Figur 4 Punkte mit ungerader Ausgangszahl enthält, sie nicht in einem einzigen Zuge, wohl aber in zwei Zügen gezeichnet werden kann, indem von den vier Punkten zwei für den einen und zwei für den andern als Anfangs- und Schlusspunkt gewählt werden. Allgemein ergiebt sich, dass jede Figur immer in soviel Zügen hergestellt werden kann wie die Hälfte der Anzahl sämtlicher Punkte beträgt, von denen eine ungerade Anzahl von Wegen ausgeht. Wenn wir diese Regel auf das Problem der Königsberger Brücken anwenden, so haben wir zu beachten, dass von den vier Punkten A, B, C, D der auf dieses Problem bezüglichen schematischen Figur B fünf Ausgänge hat, während jeder der drei übrigen Punkte drei Ausgänge hat; woraus zu schliessen ist, dass die sieben Brücken von Königsberg nur auf zwei Wanderungen mit verschiedenen Anfangs- und Endpunkten passiert werden können, wenn es darauf ankommt, dass jede Brücke nur einmal betreten wird, z. B. auf den beiden Wanderungen CAB und DBCBDA.

Um ein weiteres Beispiel zu haben, betrachten wir die Figur des pythagoräischen Lehrsatzes mit dem zum Beweise notwendigen Lote von A auf DE.

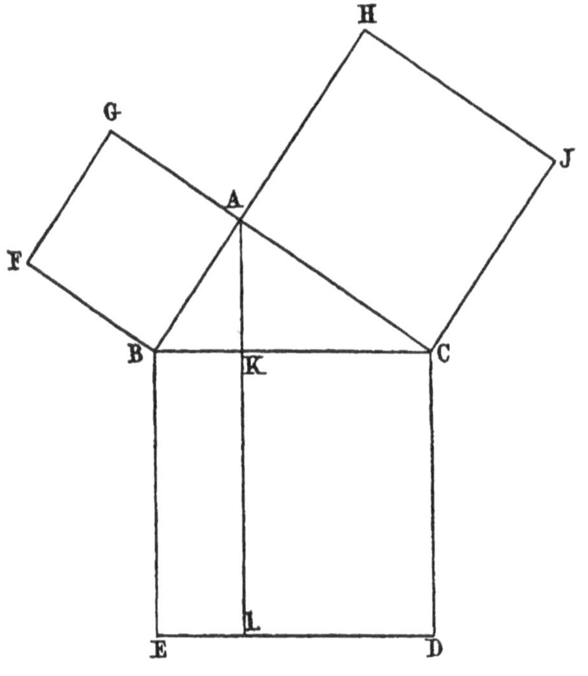

Da nur die Punkte A und L eine ungerade Anzahl von Ausgängen haben, so ist die Figur in einem einzigen Zuge zu zeichnen, wenn man bei A anfängt und bei L aufhört oder umgekehrt. Z. B. stellt der Weg

LKAGFBELDCIHACKBA

die Figur in einem einzigen Zuge her.

Um endlich zu entscheiden, in wieviel Zügen die Figur des Schachbretts herzustellen ist, beachte man, dass von den 81 Punkten dieser Figur die 4 Ecken zwei Ausgänge und die 49 inneren Punkte je vier Ausgänge haben, so dass bloss die vier mal sieben Punkte, welche am Rande liegen und nicht Ecken sind, als Punkte mit drei, also einer ungeraden Anzahl von Ausgängen übrig bleiben. Da die Hälfte von viermal sieben 14 beträgt, so sind zur Herstellung der Figur des Schachbretts mindestens vierzehn Züge erforderlich.

Es entsteht noch die Frage, auf welche Weise bei einer vorliegenden Figur die Linien zu durchwandern sind, damit auch wirklich jede Linie einmal beschritten wird. Dies ist sehr einfach. Nachdem man sich die Punkte mit ungerader Ausgangszahl als Anfangs- und Schlusspunkte von Zügen gekennzeichnet hat, verbinde man zunächst jeden Anfangspunkt mit einem Schlusspunkt in irgend welcher Weise. Dann bleiben nur noch Wege übrig, die in sich geschlossen sind. Es ist dann immer sehr leicht, diese in sich geschlossenen Wege mit in einen der schon gezeichneten ungeschlossenen Wege hineinzuziehen.

Von den verschiedenartigen Einkleidungen, die man den aus dem Problem der Königsberger Brücken hervorgegangenen Aufgaben gegeben hat, sind besonders zwei beachtenswert. Die erste Einkleidung setzt an die Stelle der Punkte Länder und an die Stelle der Linien zu überschreitende Grenzen zwischen diesen Ländern. So würde ein Kontinent von acht Ländern, die so zu einander liegen, wie die acht Flächenstücke der folgenden Figur, in zwei Wanderungen bereist werden können, wenn es darauf ankommt, dass jede Grenze zwischen zwei Ländern einmal überschritten wird. Dass mindestens dass man in der zweiten Figur die zwei entgegengesetzte Ecken verbindende Linie für eine ungebrochene gerade Linie hält. Sie kann jedoch nicht ungebrochen sein, weil sonst nach dem Proportionallehrsatze

$$3:5=8:13$$

sein müsste, was nicht richtig ist, da $\frac{3}{5}=\frac{39}{65}$ und $\frac{8}{13}=\frac{40}{65}$ ist. Dadurch kommt es, dass die beiden entgegengesetzten Ecken mit den beiden Eckpunkten, die scheinbar auf ihrer Verbindungslinie liegen, ein Parallelogramm bilden, das sehr lang gestreckt ist, und dessen Inhalt gerade die Grösse eines quadratischen Feldes hat.

Wie soeben das Quadrat behandelt ist, das aus 8 mal 8 quadratischen Feldern besteht, so lässt sich auch jedes Quadrat behandeln, das aus n mal n solchen Feldern besteht, wenn n eine der Zahlen ist, welche die Zähler und Nenner der in § 4 besprochenen Näherungsbrüche des goldenen Schnittes bilden, also eine der Zahlen:

$$1, 2, 3, 5, 8, 13, 21, 34, 55, 89, \ldots.$$

Die beiden Zahlen, welche einer dieser Zahlen vorangehen, geben an, in welchem Verhältnis das Quadrat geteilt werden muss. Dies war bei dem aus 8 mal 8 Feldern bestehenden Quadrate das Verhältnis 3 zu 5. Bei 13 mal 13 Feldern müsste man im Verhältnis 5 zu 8 teilen, und würde auf ganz analoge Weise, wie oben $64=65$ bewiesen wurde, $169=168$ beman nur auf den Kanten wandert, also die Ecken als Stationen benutzt, um von einer Kante zu einer andern zu gelangen. Wenn man aber die Flächen zum Übergang von einer Kante zu einer andern benutzt, so ist nur eine Wanderung nötig, damit jede Kante einmal überschritten wird.

§ 4.

Hamiltonsche Rundreisen.

Im Jahre 1859 erschienen in London zwei Geduldspiele, die von dem berühmten Mathematiker Hamilton, dem Schöpfer der Quaternionentheorie, herrührten. Das eine Spiel hiess: „Die Reisenden auf dem Dodekaeder oder eine Reise um die Welt", das andere „Das Ikosaederspiel". Beide Spiele sind wesentlich nicht verschieden, sie ähneln äusserlich den in § 3 behandelten „Eulerschen Wanderungen", erweisen sich aber bei näherer Betrachtung als ganz verschieden von diesen. Das Dodekaederspiel verlangt, durch Wanderung auf den Kanten eines regelmässigen Dodekaeders dessen 20 Ecken zu erreichen, dabei jede Ecke nur einmal zu besuchen und schliesslich auf den Ausgangspunkt zurückzukehren. Zur Vorstellung eines regelmässigen Dodekaeders gelangt der Laie am einfachsten dadurch, dass er bei der folgenden Figur sich die äusseren fünf Fünfecke um die Kanten des inneren Fünfecks nach oben umgebogen denkt, und auf das so entstandene Kästchen sich ein genau ebenso geformtes Kästchen aufgesetzt denkt, und zwar so, dass ganz oben wagerecht das innere Fünfeck des zweiten Kästchens zu liegen kommt und dass die oberen Kanten des unteren Kästchens mit den unteren Kanten des oberen Kätschens zusammenfallen.

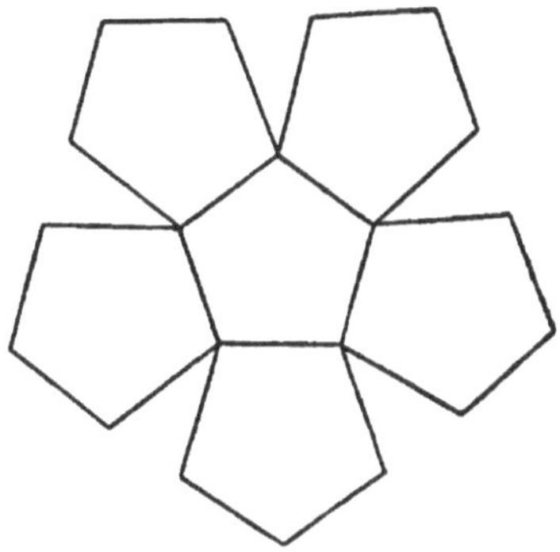

Der so entstehende Körper wird von zwölf Fünfecken begrenzt, so dass zwanzig Ecken entstehen, von denen jede drei Kanten und also auch drei Flächen aussendet. Als Gesamtzahl aller Kanten ergiebt sich dreissig. Da der Körper lauter gleiche Kanten und Kantenwinkel, sowie lauter gleiche Winkel zwischen zwei Flächen besitzt, so gehört er zu den fünf regulären Körpern. Das reguläre Ikosaeder, nach welchem das zweite von Hamilton angegebene Spiel benannt ist, wird von zwanzig gleichseitigen Dreiecken begrenzt, so dass zwölf Ecken entstehen, von denen jede fünf Flächen und also auch fünf Ecken aussendet. Das Dodekaeder und das Ikosaeder stehen sich so gegenüber, das immer der eine Körper sich bezüglich seiner Flächen so verhält wie der andere bezüglich seiner Ecken. Das Ikosaederspiel verlangt, dass die zwanzig Flächen eines regulären Ikosaeders sämtlich besucht werden, jede aber nur einmal, und dass dabei der Übergang von einer Fläche zu einer benachbarten nur durch Überschreiten der gemeinsamen

Grenzkante beider stattfindet. Wegen des oben angedeuteten Zusammenhangs zwischen Dodekaeder und Ikosaeder ist das Ikosaederspiel, dem Wesen nach, von dem Dodekaederspiel nicht verschieden. Wir besprechen daher im Folgenden nur das Dodekaederspiel. Da es unbequem ist, zur Ausführung der Wanderung auf dem Kantennetz eines regulären Dodekaeders immer das Modell eines solchen Körpers zur Hand zu nehmen, so ersetzen wir jenes Kantennetz durch eine ebene Figur, die die für das Spiel allein wesentlichen Eigenschaften der Dodekaederoberfläche auch besitzt. Da es bei dem Spiel darauf ankommt, die zwanzig Ecken auf einer Wanderung über die Kanten sämtlich zu besuchen, dabei aber jede nur einmal, so kann das Spiel auch auf den Linien jeder Figur ausgeführt werden, die sich aus zwanzig Punkten und dreissig Verbindungslinien so zusammensetzt, dass von jedem Punkte genau drei Linien ausgehen, und dass diese Linien zwölf Fünfecke begrenzen. Dabei können die Linien gerade oder krumm sein. Demgemäss ersetzen wir das Kantennetz des regulären Dodekaeders durch die folgende, leicht zeichenbare Figur (s. S. 71).

Die Figur besteht also aus drei konzentrischen Kreisen, von denen der mittlere sowohl mit dem inneren wie mit dem äusseren durch je fünf gerade Querstrecken verbunden ist. Wie die Oberfläche des Dodekaeders, enthält diese Figur in 12 Fünfecken 20 Punkte, die durch 30 Linien mit einander verbunden sind, indem jeder Punkt drei Linien aussendet. Es wird nach einigen Versuchen immer leicht gelingen, die Linien unsrer Figur sich so durchwandert zu denken, dass

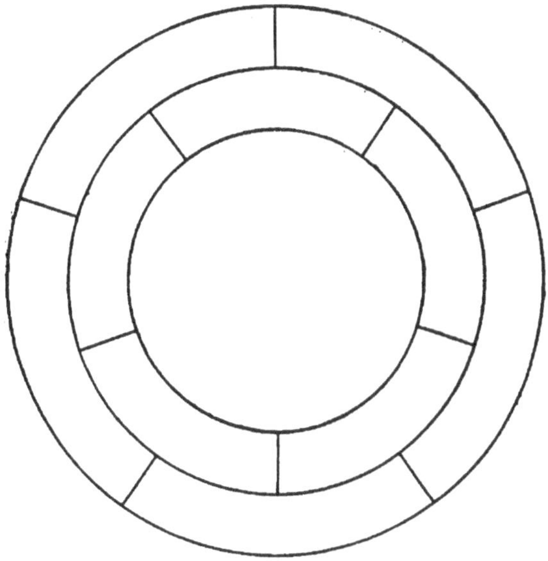

jeder Punkt einmal besucht wird und der Schlusspunkt mit dem Ausgangspunkt zusammenfällt. Hamilton stellte aber von vornherein die weitere Forderung, dass die ersten fünf Stationen vorgeschrieben sein sollen. Bei dieser Beschränkung ist das Problem auf zweifache oder auf vierfache Weise lösbar, je nach der Wahl der ersten 5 Stationen (s. F. S. 72).

Sind z. B. in der nachstehenden Figur A, B, C, D, E die ersten fünf Stationen, so ergiebt die weitere Wanderung FGHJKLMNOPQRSTUA eine naheliegende Lösung.

Ein zweites Problem, das Hamilton stellte, schrieb die drei ersten Stationen und die nicht mit der Anfangsstation identische Schlussstation willkürlich vor, hielt aber sonst an der grundlegenden Forderung fest, dass

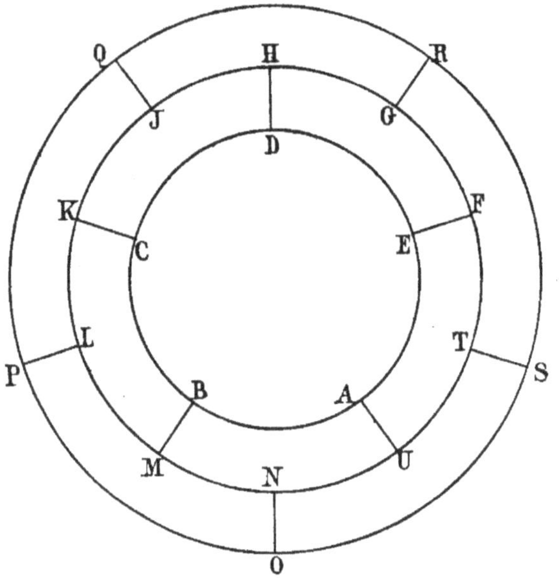

jede Station nur einmal besucht werden dürfe. Dieses zweite Problem führt zu 0, 1, 2, 4 oder 6 Lösungen, je nach der Wahl der gegebenen vier Stationen. Beispielsweise hat das Problem nur eine einzige Lösung, wenn A, B, C als Anfangsstationen, Q als Schlussstation gegeben ist. Diese Lösung lautet:

ABCDEFTUNMLKJHGRSOPQ.

Sind dieselben Anfangsstationen, aber eine andere Schlussstation vorgeschrieben, so ergeben sich 2, 4 oder 6 Lösungen, ausgenommen, wenn K, D, F, P, M, N, T Schlussstationen sind. Dann hat das Problem nämlich gar keine Lösung.

Eine dritte Modifikation, die Hamilton dem Probleme gab, nahm mehrere aufeinanderfolgende Anfangsstationen als gegeben an und verlangte dann, dass nach einer vorgeschriebenen Anzahl von folgenden Stationen es unmöglich werde, weiterzureisen, ohne dass die Vorschrift, jede Station nur einmal zu besuchen, verletzt werde. Wenn z. B. T, S, R, Q vier gegebene Anfangsstationen sind, und dann verlangt wird, dass nach sechs weiteren Stationen die Fortsetzung der Reise unmöglich werde, so ergiebt sich die eine Lösung:

T S R Q J H D E F G.

Endlich bestand eine vierte Modifikation des Geduldspiels darin, dass eine vorgeschriebene Station bei der Reise ausgeschlossen sein sollte. Wenn z. B. A, B, C die drei ersten Stationen, D die letzte Station sein sollen, und wenn ausserdem der Ort M ausgeschlossen sein soll, so ergeben sich zwei Lösungen, von denen die eine heisst:

A B C K L P Q J H G R S O N U T F E D.

Die ursprüngliche Fassung des Problems verlangte jedoch nicht derartige erschwerende Bedingungen, sondern nur, dass jede Station einmal besucht werden solle und dass die Reise nach dem Ausgangspunkt zurückkehre. Das so gefasste Problem lässt eine elegante mathematische Behandlung zu, die schon Hamilton selbst in der Versammlung der British Association vom Jahre 1857 gab, und die auf folgenden Überlegungen beruht. Wenn man irgend eine Station erreicht hat, so bieten sich immer zwei Wege zur Weiterreise dar, weil die Station im ganzen drei Ausgänge hat. Von diesen beiden Wegen muss bezüglich der Richtung, in der man die Station erreicht hat, der eine Weg rechts, der andere links abgehen. Wählt man den Weg rechts, so sei dies mit r bezeichnet, während das Linksweiterreisen durch l ausgedrückt werde. In dieser Weise kann jede Rundreise durch 20 Buchstaben ausgedrückt werden, welche entweder r oder l heissen. Beispielsweise müsste die oben zuerst erwähnte Rundreise, bei welcher die Buchstaben in alphabetischer Reihenfolge erscheinen, so ausgedrückt werden:

r r r l l l r l r l r r r l l l r l r l.

Da der Schlusspunkt immer mit dem Anfangspunkt identisch sein soll, so kann man aus dieser mit r r r beginnenden Reihenfolge beliebige andere Reihenfolgen ableiten, indem man an beliebiger Stelle anfängt und den ersten Buchstaben als auf den letzten folgend ansieht. Ebenso kann man auch jede solche Reihenfolge in umgekehrter Richtung lesen. In solcher Weise kann man, wie Hamilton bewiesen hat, aus dieser einen als richtig erkannten Lösung jede sonst noch vorhandene Lösung ableiten. Wenn nämlich die fünf Anfangsstationen beliebig gegeben sind, so ist aus ihnen die Richtung zu entnehmen, die man beim Verlassen der zweiten, dann der dritten, endlich der vierten Station jedesmal einschlagen muss. Es kann nämlich nur einer von den folgenden acht auf die fünf ersten Stationen bezüglichen Fälle eintreten:

r r r, r r l, r l r, r l l, l r r, l r l, l l r, l l l.

Alle diese acht Gruppen sind aber aus der obigen mit r r r beginnenden Reihenfolge als Anfänge von einer Reihenfolge zu entnehmen, und zwar erkennt man, dass mit r r r die obige und die genau umgekehrte Reihenfolge beginnen. Dadurch, dass man mit dem auf die Mitte folgenden r r r anfängt, erhält man keine neue Reihenfolge, sondern die alte nochmal, weil die zweite Hälfte der ersten Hälfte genau kongruent ist. Die beiden erhaltenen, mit r r r beginnenden Reihenfolgen ergeben unmittelbar die beiden Lösungen des Problems, welche möglich sind, wenn die fünf Anfangsstationen in der durch r r r angedeuteten Folge liegen. Wenn zweitens r r l der Anfang ist, so ergeben sich wiederum zwei Reihenfolgen, woraus sich die beiden Lösungen ergeben, die möglich sind, falls die fünf Anfangsstationen in ihrer Lage dem Symbol r r l entsprechen, wie z. B. A B C D H. Ebenso giebt es auch zwei mit r l l beginnende Reihenfolgen. Und, da durch Vertauschung von r und l der anfängliche Cyklus in seine Umkehrung übergeht, so verhält sich l l l wie r r r, l l r wie r l l und l r r wie r l l. Es bleiben daher nur noch die Anfänge r l r und l r l übrig, welche sich wieder gleich verhalten, und von denen jeder zu vier Lösungen führt. Den 4 mit r l r beginnenden Lösungen entsprechen z. B. die fünf Anfangsstationen A, B, C, K, J und die vier Rundreisen:

1. A B C K J Q R G H D E F T S O P L M N U A;
2. A B C K J H D E F G R Q P L M N O S T U A;
3. A B C K J Q R S O P L M N U T F G H D E A;
4. A B C K J Q P L M N O S R G H D E F T U A.

Aus der Lage der gegebenen 5 Anfangsstationen lässt sich also sofort entnehmen, ob 2 oder 4 Rundreisen möglich sind. Aus unserm anfänglichen Cyklus r r r l l l r l r l r r r l l l r l r l

kann man auch erkennen, in welchen Fällen eine Rundreise mit sechs oder noch mehr gegebenen Anfangsstationen gelingt. Bei sechs gegebenen Stationen handelt es sich darum, ob man sich beim Passieren der vier mittleren Stationen so wendet, dass die vier Wendungen in dem obigen vorwärts oder rückwärts gelesenen Cyklus vorkommen. Aus den Buchstaben r und l lassen sich aber 16 Gruppen zu je vieren zusammenstellen, von denen 12 in unserm Cyklus vorkommen, 4 aber nicht. Diese vier sind:

r r r r, r l l r, l r r l, l l l l.

Von diesen vier Gruppen können r r r r und l l l l naturgemäss nicht vorkommen, da diese sich auf die Umwanderung eines Fünfecks beziehen, sodass als sechste Station wiederum die erste Anfangsstation auftritt. Es bleiben also nur noch die Fälle r l l r und l r r l als solche übrig, bei denen eine Rundreise unmöglich ist. Der erste dieser Fälle tritt z. B. ein, wenn A, B, C, K, L, P als die sechs ersten Stationen vorgeschrieben sein sollten. Man sieht die Unmöglichkeit einer so beginnenden Rundreise auch daran, dass bei einem derartigen Reiseanfang die Station M nicht wieder verlassen werden könnte. Denn von ihren drei Nachbarn B, L, N sind B und L schon vorher passiert, sodass man also zu M nur von N aus gelangen könnte, ohne dann die Möglichkeit einer Weiterreise zu haben.

Aus unserm Cyklus ergiebt sich auch sehr leicht die Anzahl der möglichen Rundreisen in den Fällen, wo weniger als fünf Anfangsstationen gegeben sind. Wieviel Lösungen immer bei einer vorgeschriebenen Anzahl von Anfangspunkten möglich sind, zeigt folgende Tabelle:

Anfangspunkte:	Lösungen:
8, 9, 10	1 oder 0;
7	2 oder 1 oder 0;
6	3 oder 2 oder 1 oder 0;
5	4 odet 2;
4	6 oder 4;
3	10;
2	20;
1	30;

Es entsteht nun die Frage, ob die Hamiltonsche Methode, welche ja aus einer Lösung alle Lösungen leicht ergiebt, auch imstande ist, von vornherein eine Lösung theoretisch zu entwickeln. Die Bejahung dieser Frage erkennt man aus gewissen Relationen, die zwischen den Gruppierungen der Buchstaben l und r aus der Natur der zu Grunde gelegten aus 12 Fünfecken bestehenden Figur fliessen. Man ersieht daraus leicht, dass man immer zu demselben Ausgangspunkt zurückkommt, gleichviel, ob man zweimal nacheinander links geht oder erst rechts, dann dreimal links und endlich wieder rechts. Z. B. gelangt man, von U kommend, über A und B nach M, indem man zweimal links geht. Man gelangt aber auch über A, E, D, C, B nach demselben Punkte M, wobei man erst rechts, dann dreimal links und zuletzt rechts geht. Man kann diese Erscheinung symbolisch so ausdrücken:

$$ll = rlllr.$$

Ebenso überzeugt man sich auch von der Richtigkeit der folgenden Gleichung:

$$lrl = rllr.$$

Aus diesen beiden Relationen gehen noch zwei weitere dadurch hervor, dass man r und l miteinander vertauscht. Diese Relationen kann man nun verwenden, um aus einer selbstverständlichen Rundreise über nur fünf Stationen die auf alle zwanzig Stationen bezüglichen Cyklen abzuleiten. Wenn man den Umfang eines der Fünfecke, aus denen sich unsere Figur zusammensetzt, umkreist, so kehrt man zum Anfangspunkt zurück, indem man entweder fünfmal nacheinander links oder fünfmal rechts umbiegt. Diese Thatsache nehmen wir als Ausgangspunkt. Dann erhalten wir bei fortwährender Benutzung der Relation $ll = rlllr$ die folgende theoretische Ableitung eines Cyklus:

$$\begin{aligned}(ll)\ lll &= (rlllr)\ lll \\ &= (rrlllrlr)\ (rlllrl) \\ &= (rrrlllrlrlr)\ (rrlllrlrl) \\ &= rrrlllrlrlrrrlllrlrl.\end{aligned}$$

Von welcher Relation man auch ausgehen mag und wie man auch die Substitutionen vornehmen mag, man gelangt, sobald man 20 Buchstaben erzielt hat, immer zu einer Gruppe, die sich von der eben gefundenen entweder nur dadurch unterscheidet, dass sie an einer andern Stelle anfängt, aber cyklisch mit ihr identisch ist, oder, dass sie rückwärts statt vorwärts läuft. Damit steht im Einklang, dass es keine anderen Lösungen giebt, als die, welche aus unserm Cyklus hervorgehen.

Ausser Hamilton selbst hat auch der französische Artillerieoffizier Hermary Methoden angegeben, die zu allen Lösungen des Hamiltonschen Problems führen, deren Mitteilungen jedoch hier zu viel Raum kosten würden.

An eine Erweiterung des Hamiltonschen Rundreiseproblems haben selbstverständlich schon Hamilton, Hermary, Lucas und Ball gedacht. Doch ist eine mathematische Theorie für die Auffindung aller Rundreisen, die sich über eine aus Punkten und Linien in beliebiger Weise zusammengesetzte Figur machen lassen, bis jetzt nicht entwickelt. Wohl aber hat der Verfasser in der „Naturw. Wochenschrift“ vor einigen Jahren ein Verfahren angegeben, durch das die empirische Auffinduug von Rundreisen, bei denen jede Station nur einmal besucht wird, sehr erleichtert wird. Um dieses Verfahren kennen zu lernen, gehen wir wieder von unsrer oben zu Grunde gelegten, drei konzentrische Kreise enthaltenden Figur aus. Dieselbe enthält 30 Strecken, von denen bei einer Rundreise 20 befahren werden, also 10 unberührt bleiben. Wenn wir nun die durchwanderten 20 Strecken markieren, um sie von den 10 nicht durchwanderten unterscheiden zu können, so erkennen wir, dass von jedem Punkte zwei markierte und eine nicht markierte Strecke ausgehen. Es handelt sich also darum, von den 30 Linien 10 so auszulesen, dass von jedem Punkte eine und nur eine ausgeht, was, wie man in praxi leicht erkennt, auf (10 + 20)-fache Weise möglich ist. Die Auswahl der nicht zu befahrenden Strecken ist natürlich leichter, als die Auswahl der zu befahrenden Strecken, weil 10 kleiner als 20 ist. Beispielsweise ist die oben zuerst erwähnte Rundreise, bei welcher die Reihenfolge der berührten Stationen alphabetisch ist, in der beistehenden Figur so dargestellt, dass die zehn nicht beschrittenen Strecken punktiert gezeichnet sind, die Rundreise selbst aber kontinuierlich gezeichnet ist.

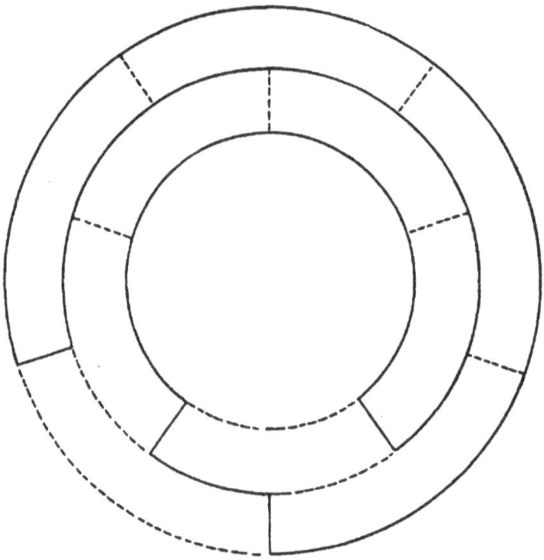

Natürlich lassen sich auf mannigfache Weise die zehn punktierten, also nicht zu beschreitenden Strecken auswählen, jedoch, wie man leicht sieht, auf nur zweifache bezw. vierfache Weise, wenn die fünf Anfangspunkte gegeben sind, was mit dem oben aus dem Hamiltonschen Verfahren erkannten Resultate übereinstimmt.

Dieses Verfahren lässt sich nun leicht auf beliebige Figuren übertragen. Man schreibe an jeden Punkt die

Zahl der von ihm ausgehenden Strecken. Die Hälfte von der Summe aller so notierten Zahlen ist immer die genaue Anzahl der in der Figur vorhandenen Strecken. Vermindert man diese Anzahl um die Anzahl der vorhandenen Punkte, so erhält man immer die Anzahl der nicht zu beschreitenden Strecken. Man hat dann soviel Strecken, wie diese Zahl anzeigt, als „verboten" zu markieren, wobei man nur auf zweierlei zu achten hat, erstens darauf, dass von jedem Punkte soviel verbotene Strecken ausgehen, wie die um zwei verminderte, bei diesem Punkte notierte Zahl angiebt, zweitens darauf, dass die so erhaltene Rundreise nicht in zwei oder mehr Rundreisen zerfällt, von denen jede in sich zurückläuft.

Wenn jeder Punkt, wie bei der Dodekaederfigur drei Ausgänge hat, so muss von jedem Punkte eine einzige verbotene Strecke ausgehen. Dies ist z. B. bei der folgenden Figur der Fall, in der 40 Punkte durch 60 Strecken mit einander zusammenhängen, und in der wieder die 20 verbotenen Strecken punktiert gezeichnet sind, während die daraus unzweideutig hervorgehende Rundreise selbst kontinuierlich gezeichnet ist, und überdies noch durch die natürliche Zahlenreihe kenntlich gemacht ist.

Während diese Figur einem Körper entspricht, dessen Oberfläche aus 12 Fünfecken und 10 Sechsecken besteht, ist die auf S. 83 gezeichnete Figur das Bild der Oberfläche eines Körpers, der von 12 Fünfecken und 8 Sechsecken begrenzt wird, jedoch auch so, dass jede Ecke 3 Kanten aussendet. So entstehen 36 Punkte, die durch 36 zu beschreitende und 18 zu vermeidende Strecken

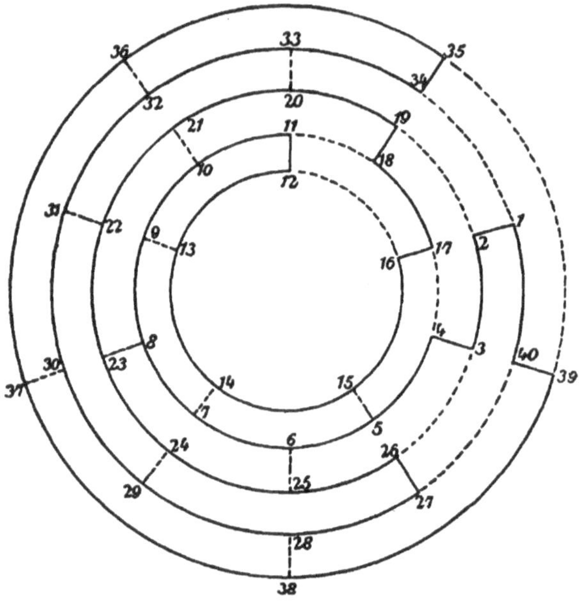

zusammenhängen. Wiederum sind die zuerst bestimmten verbotenen Strecken punktiert, die Wege der Rundreise selbst kontinuierlich gezeichnet (s. Fig. S. 83).

Es bietet nun gar keine Schwierigkeit, das beschriebene Verfahren auch auf solche Figuren auszudehnen, in denen n i c h t jeder Punkt drei Strecken aussendet. Man hat dann bei jedem Punkte die um 2 verminderte Zahl seiner Ausgänge zu notieren und dann dafür zu sorgen, dass bei der Auswahl der nicht zu beschreitenden Strecken jeder Punkt soviel solcher Strecken aussendet, wie die bei ihm notierte Zahl angiebt. Auf diese Weise sind die auf den beiden folgenden Figuren durch die natürliche Zahlenreihe kenntlich gemachten Rundreisen entstanden (s. Fig. S. 84).

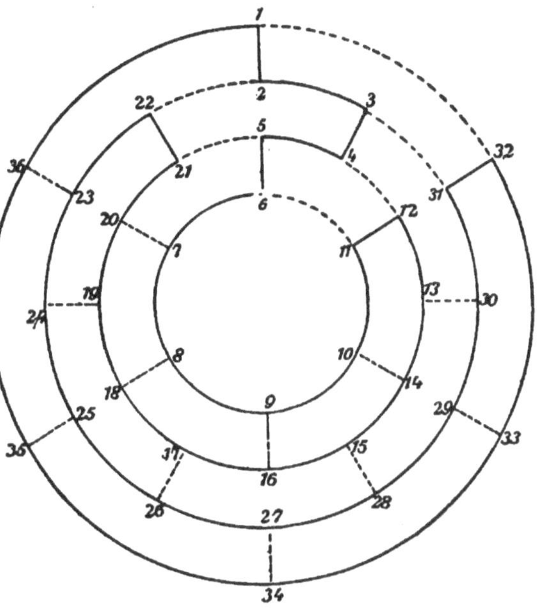

Ist die Anzahl der Punkte und der sie verbindenden Strecken sehr gross, so wird die Lösung des Problems, alle Punkte auf einer Rundreise, jeden aber nur einmal, zu besuchen, recht schwierig. Noch schwieriger aber wird die Aufgabe, alle Lösungen zu finden, die das Problem haben kann.

Auch die früher behandelte Aufgabe, auf den 64 Feldern des Schachbretts einen geschlossenen Rösselsprung zu formieren, kann als ein verallgemeinertes Hamiltonsches Rundreiseproblem aufgefasst werden. Denkt man sich nämlich die 64 Felder des Schachbretts durch 64 Punkte ersetzt, und immer zwei Punkte verbunden, die Feldern entsprechen, zwischen denen ein

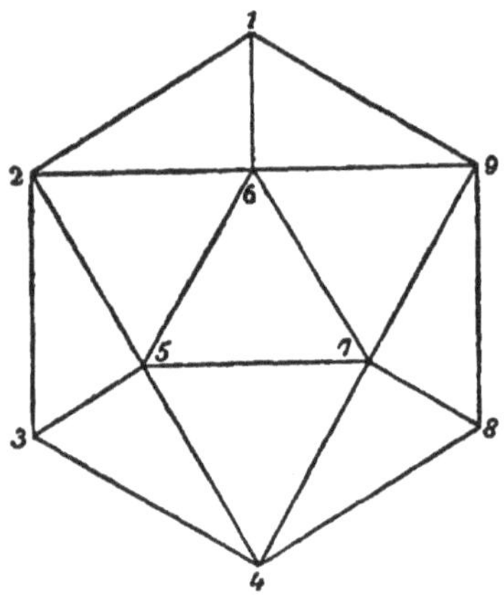

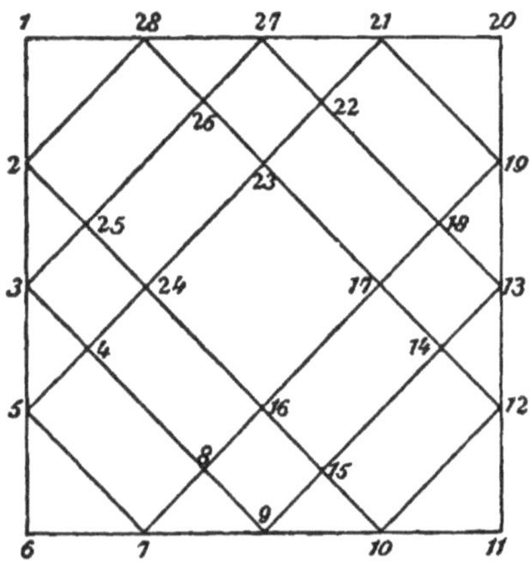

Springerzug möglich ist, so enthält man im ganzen 168 Verbindungsstrecken, indem von jedem Punkte 2 bis 8 solcher Strecken ausgehen. Wem es nun gelingt, die 64 Punkte auf einer Rundreise zu besuchen, jeden Punkt dabei aber nur einmal zu berühren, der hat auch einen geschlossenen Rösselsprung geschaffen.

Wem es aber gelingen sollte, die Anzahl aller denkbaren Springerrundreisen zu berechnen, der hat das Problem gelöst, die Anzahl aller möglichen Rösselsprünge zu berechnen, ein Problem, das seit vielen Jahrzehnten gestellt, aber noch nicht vollständig gelöst ist.

§ 5.

Durchwanderung eines Labyrinths.

Wer kennt nicht aus seiner Jugendzeit den Mythos von dem Labyrinth auf Kreta? Der in allen architektonischen und technischen Künsten wohlbewanderte Dädalus war, um der Strafe für einen Mord zu entgehen, nach Kreta zu dem König Minos geflüchtet. Dieser gab dem Verfolgten eine Freistätte und benutzte seine Kunstfertigkeit, um ihn ein Gebäude voll lauter Krümmungen und Irrwegen bauen zu lassen. Der innere unzugänglichste Teil desselben sollte dem Minotaurus als Aufenthalt dienen, damit dieses scheussliche Ungeheuer, das halb Stier, halb Mensch war, dem Anblick der Menschen entzogen würde. Als der Bau vollendet war und Dädalus ihn prüfte, fand sich der Erfinder selbst nur mit grosser Mühe zum Eingang zurück, so verworren waren die Irrgänge angelegt. Im Innern dieses Labyrinths wurde der Minotaurus gehegt, dessen Speise 7 Jünglinge und 7 Jungfrauen waren, die, als Zinszahlung von den Athenern alle neun Jahre dem Könige von Kreta zugesandt werden mussten. Als wieder einmal Gesandte des Königs Minos in Athen erschienen, um den schuldigen Zoll zu holen, gesellte sich den 7 Jünglingen und 7 Jungfrauen auch der

Königssohn Theseus zu, mit der Absicht, das Leben dieser 14 Athener durch Tötung des Minotaurus zu retten. Am Ufer von Kreta sah ihn Ariadne, die Tochter des Minos, die sich bereit erklärte, zur Rettung des Theseus und seiner Begleitung beizutragen. Sie gab ihm einen Faden und ein gefeites Schwert mit. Das eine Ende des Fadens sollte er am Eingang des Labyrinths festknüpfen, und dann sollte er den Faden während des Hinschreitens durch die Thorgänge in der Hand ablaufen lassen, bis er an die Stelle käme, wo der Minotaurus läge. Es gelang Theseus, mit Hilfe des gefeiten Schwertes, den Minotaurus zu erlegen, und vermittelst des Fadens sich und seine Gefährten wieder aus dem Labyrinth herauszuführen. Die Unmöglichkeit, sich aus diesem Labyrinth auf Kreta wieder herauszufinden, besingt auch Ovid im 8. Buche seiner „Metamorphosen". Mehrere gedeckte Galerien, welche sich noch heute auf Kreta befinden, werden von den Kretensern als Überreste jenes berühmten Bauwerks des Dädalus ausgegeben. Ausser dem kretensischen Labyrinthe waren im Altertum besonders die beiden Labyrinthe berühmt, welche Psammetich auf der im Mörissee gelegenen Insel Mendes errichten liess. Auch auf Lemnos, in Agrigent und in Klusium werden noch Reste von Labyrinthen gezeigt. Im Mittelalter deutete man häufig in gothischen Kirchen Labyrinthe durch Form und Farbe der Fussbodenpflasterung an. In unserer Zeit baut man auch Labyrinthe, aber nicht zwecklos, wie früher, sondern um den Verkehr in grossen Städten zu erleichtern. Ich meine die Schienenstränge, auf welchen in grösseren Städten die Strassenbahnwagen fahren. Denn die Gesamtheit aller solcher Schienenstränge kann als ein sehr kompliziertes Labyrinth angesehen werden.

Früher hielt man es für unmöglich, alle Gänge eines Labyrinths zu besuchen, und zugleich doch mit Sicherheit sich wieder herauszufinden. Man kann jedoch beiden Bedingungen genügen, wenn man nur konsequent gewisse Regeln befolgt, die in einfachster Form von dem Telegrapheningenieur Trémaux in Paris ausgesprochen sind, und die wir jetzt auseinandersetzen wollen.

„Labyrinth" heisst jede Punktgruppe, deren Punkte beliebig mit einander verbunden sind, so dass kein Punkt unverbunden bleibt, also von jedem Punkte mindestens ein Weg ausgeht. Eine Wanderung durch ein solches Labyrinth, sodass man jeden Weg nur einmal beschreitet und zum Ausgangspunkt zurückgelangt, ist nach § 3, wo die Eulerschen Wanderungen erörtert sind, nur dann möglich, wenn von jedem Punkte eine gerade Anzahl von Wegen ausgeht. Wenn aber ein Punkt oder mehrere Punkte vorhanden sind, von denen eine ungerade Anzahl von Wegen ausgeht, so ist es unmöglich, das Labyrinth auf einer Rundreise so zu durchwandern, dass jeder Weg einmal, aber auch nur einmal beschritten wird. Wohl aber gelingt eine Rundreise durch ein Labyrinth immer, wenn jeder Weg nicht einmal, sondern genau zweimal zurückgelegt wird. Denn dann kann man von jedem Punkte des Labyrinths ebenso oft wieder abgehen, wie man hingelangen kann, was nicht möglich wäre, wenn die Zahl der Linien, die von ihm ausgehen, ungerade wären. Wenn aber den Gleichheiten begnügen, und suchte nach krummlinigt begrenzten ebenen Figuren, die mathematisch genau einer geradlinigt begrenzten Figur gleich waren, und demnach in ein inhaltsgleiches Quadrat mit Zirkel und Lineal verwandelt werden konnten. Zunächst fand Hippokrates, dass das halbmondförmige Flächenstück, welches entsteht, wenn man in einem Kreise zwei senkrechte Radien zieht und über der Verbindungslinie ihrer Endpunkte einen Halbkreis zeichnet, genau inhaltsgleich dem Dreieck ist, das von dieser Verbindungslinie und den beiden Radien gebildet wird, und demgemäss ging nun das Streben dieses unermüdlichen Gelehrten dahin, einen Kreis in einen Halbmond zu verwandeln. Freilich konnte er dieses Ziel nicht erreichen; wohl aber fand er bei seinen Bemühungen dazu manche neue geometrische Wahrheit, unter anderen die Verallgemeinerung des eben erwähnten Satzes, welche noch heut in den Lehrbüchern den Namen „Lunulae Hippocratis" trägt. So zeigt es sich bei Hippokrates im deutlichsten Lichte, wie gerade die unlösbaren Probleme einer Wissenschaft geeignet sind, dieselbe zu fördern, indem sie die Forscher anlockten, sich mit Ausdauer der Wissenschaft hinzugeben und so ihre Tiefen zu ergründen.

In der historischen Reihenfolge der grossen griechischen Geometer folgt auf Hippokrates der Systematiker Euklides, dessen starres, geometrisches Lehrgebäude bis in unser Jahrhundert hinein massgebend geblieben ist. Von einer Quadratur des Zirkels oder einer Kreisberechnung enthalten aber die „Elemente" des Euklid gar nichts. Zwar finden sich darin Flächenvergleichungen,

Man gehe zunächst den Weg ABCDEFB. Da nun FB ein noch nicht beschrittener Weg war, B aber ein schon besuchter Punkt, so hat man nach Regel 1) in B umzukehren bis F, von wo der schon beschrittene Weg FE und der neue Weg FO ausgeht. Letzteren hat man nach Regel 2) vorzuziehen. Da O noch nicht besucht war, so kann man von dort beliebig auf OC, OD oder OE weitergehen. Wir wählen OD, müssen aber dann in D umkehren, weil wir zu einem schon besuchten Punkte auf einem neuen Wege gelangt sind. Von neuem in O angekommen, wählen wir den Weg OC, den wir wieder von C nach O rückwärts zu gehen haben, um dann von O nach E zu wandern. Auch hier in E hat man umzukehren bis O, von wo aus nun der bis dahin nur einmal beschrittene Weg OF einzuschlagen ist. In F steht nur der Weg FE offen, in E nur ED, in D nur DC, in C nur CB und in B nur BA, d. h. der Weg zum Ausgangspunkt zurück. Man sieht dann, dass jeder Weg des Labyrinths genau zweimal durchwandert ist. Der zurückgelegte Weg ist nämlich:

ABCDEFBFODOCOEOFEDCBA.

Da jeder Weg zweimal vorkommen muss und der den Ausgangspunkt darstellende Buchstabe A am Anfang und am Schluss anzugeben ist, so muss die Zahl der Buchstaben, welche eine Lösung darstellen, immer $2n + 1$ sein, wenn n die Zahl der Wege ist.

Natürlich konnte die Durchwanderung des Labyrinths auch noch auf mannigfache andere Weise geschehen, z. B. auf dem folgenden Wege:

ABCOFBFEOEDCDODEFOCBA.

Da man immer wissen muss, ob ein Weg schon vorher beschritten war oder nicht, so wird man bei einer ein Labyrinth darstellenden Zeichnung jeden Weg, den man zurücklegt, durch einen Strich kenntlich machen. Sobald das Labyrinth in der oben angegebenen Weise durchwandert ist, muss dann jeder Weg zweimal an-

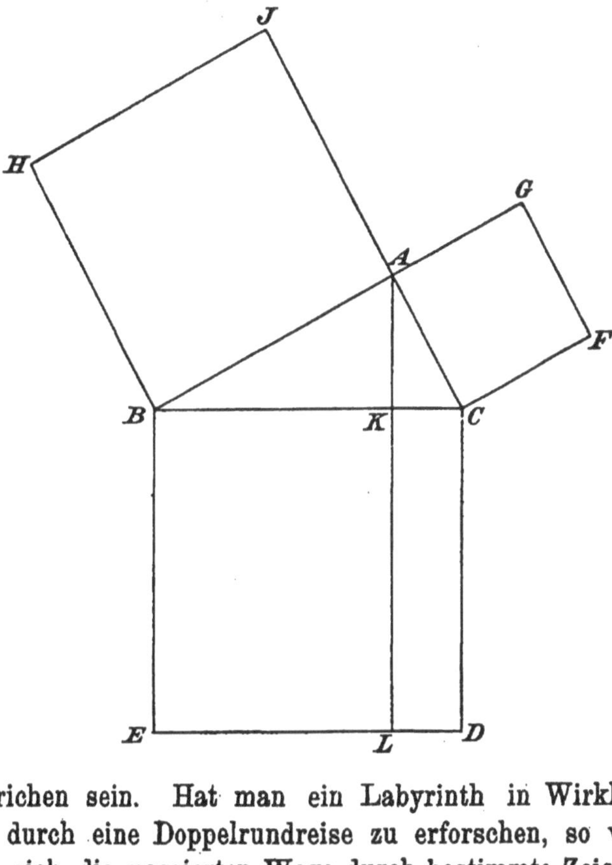

gestrichen sein. Hat man ein Labyrinth in Wirklichkeit durch eine Doppelrundreise zu erforschen, so wird man sich die passierten Wege durch bestimmte Zeichen, sei es durch farbige Striche an den Wänden oder durch

Steine kenntlich machen, die man auf die durchwanderten Wege legt.

2. Ein zweites Beispiel bietet die vorstehende Figur (S. 91) des „Pythagoras", die vom Punkte A aus durchwandert werden soll, indem man jeden Weg zweimal geht und zum Ausgangspunkt A zurückkehrt.

Beachtet man genau die beiden oben ausgesprochenen Regeln, so kann man u. a. folgenden Weg einschlagen, um das Problem zu lösen:

A B K C A C D L E B H J A J H B A
G F C D L K A G F C K B E L K A.

3. Um die 12 Wege der folgenden Figur, und zwar jeden zweimal, zu durchwandern, kann man verfahren, wie

A B C D E F G H C D A F G B
C H E D A F E H G B A

angiebt.

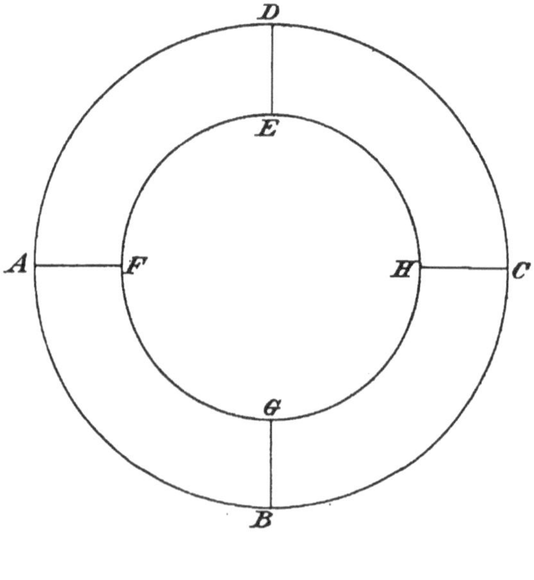

4. Während in dem Beispiel 3) von jedem Punkte nicht mehr als drei Wege ausgehen, enthält die folgende Figur drei Punkte, von deren jedem fünf Wege ausgehen. Unsere beiden Regeln führen unter anderm zu der Lösung:

ABCHGFEDCDEGEHECE
FGCGBGHCBA.

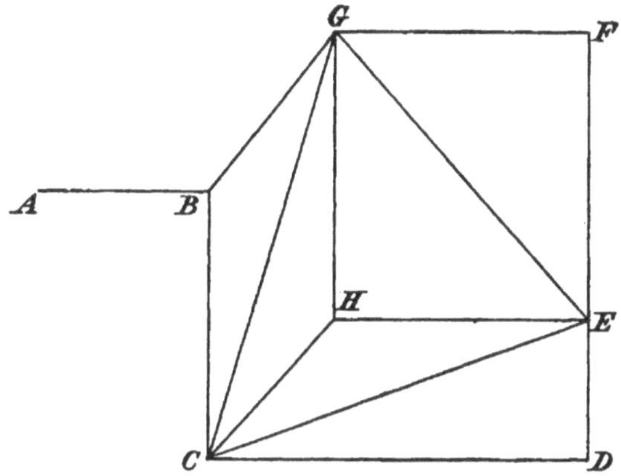

Schon anfangs haben wir auf den Zusammenhang des Labyrinthproblems mit dem in § 3 behandelten Eulerschen Problem aufmerksam gemacht. Während das letztere die Durchwanderung aller Wege einer Figur auf einer Rundreise so verlangt, dass jeder Weg nur einmal zurückzulegen ist, gestattet das Labyrinthproblem mehrmalige Durchwanderung jedes Weges. Während das Eulersche Problem wegen der angegebenen Bedingung nur lösbar ist, wenn von jedem Punkte eine gerade Anzahl von Wegen ausgehen, ist das Labyrinthproblem immer lösbar, und unsere beiden Regeln führen immer zu einer Lösung, bei welcher jeder Weg genau zweimal zurückgelegt wird.

§ 6.

Das Saltaspiel.

In diesen meinen „Mussestunden“ habe ich von Spielen nur solche behandelt, die von einer einzigen Person gespielt werden können, also den Namen „Geduldspiele“ verdienen. Hiergegen spricht nicht, dass unter den Wahrscheinlichkeitsproblemen (Band II) das Skatspiel vorkommt. Denn dort ist nicht das Skatspiel an sich behandelt, sondern nur die Anwendung der Wahrscheinlichkeitsrechnung auf die Verteilung der Skatkarten. Der Grund, warum ich Kartenspiele, Domino, Schach, Dame, Mühle u. s. w. ausgeschlossen habe, ist hauptsächlich darin zu finden, dass jedes dieser Spiele, die nur von mehr Personen gespielt werden können, schon in zahlreichen Büchern eingehende Behandlung gefunden hat. Letzteres gilt aber nicht für das neueste, erst im Juli 1899 erfundene Brettspiel, das „**Salta**“ heisst und sich ungemein schnell verbreitet. Zwar habe ich schon in einer im Dezember 1899 erschienenen kleinen Broschüre*) auf die Feinheiten dieses Spiels aufmerksam gemacht. Doch dürfte

---

*) Salta, das neue Brettspiel, für Anfänger erläutert. Leipzig, Göschensche Verlagshandlung, 1899.

ein Teil von dem Inhalt dieser Broschüre auch die Leser der „Mussestunden“ interessieren, nämlich der Teil, der sich mit den beim Saltaspiel auftretenden Kampfarten beschäftigt. Die Spielregeln, die in dem ersten Abschnitt der Broschüre ausführlich aufgestellt

Rot

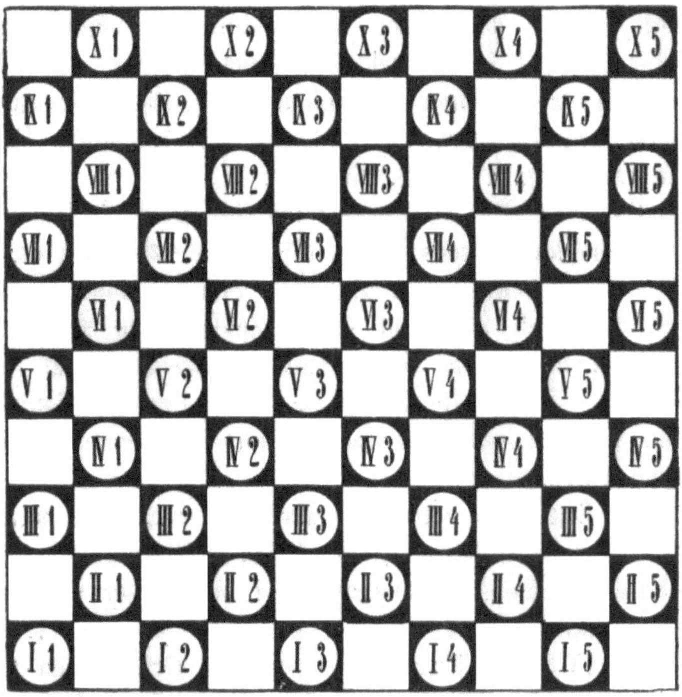

Grün

Figur 1.

sind, muss ich hier als bekannt voraussetzen. Was die Bezeichnungsweise der Felder, der Züge und der Sprünge anbetrifft, so bemerke ich, für diejenigen Leser, welche das Spiel, aber nicht die Broschüre kennen, nur folgendes:

Die dem Besitzer der grünen Steine am meisten zugewandte Zeile werde mit I, die von ihm aus zweite Zeile mit II u. s. w. bezeichnet, so dass die dem Besitzer der roten Steine am meisten zugewandte Zeile mit X zu bezeichnen ist. Innerhalb jeder Zeile sind auf dem Saltabrett fünf schwarze Felder, die, von links nach rechts, der Reihe nach, durch die arabischen Ziffern von 1 bis 5 gekennzeichnet werden. Die Zusammensetzung einer römischen Ziffer mit einer arabischen ergiebt dann unzweideutig das gemeinte Feld, wie auch Fig. 1 auf S. 95 zeigt.

Da sich die 30 Saltasteine in dreierlei Hinsicht unterscheiden, erstens durch die Farbe, zweitens durch die darauf befindlichen Zeichen, Sonne, Mond, Stern, drittens durch die Zahl dieser Zeichen, so sind drei Angaben nötig, um einen Stein unzweideutig zu bezeichnen. Z. B. bedeutet „grüne Sonne-Drei" denjenigen grünen Stein, auf dem das Zeichen der Sonne dreimal angebracht ist.

Ein Zug nach vorwärts oder nach rückwärts werde durch das Plus- bezw. Minuszeichen gekennzeichnet, vor welchem Zeichen das Ausgangsfeld und hinter welchem das Ankunftsfeld zu nennen ist. Es bedeutet z. B. III 2 + IV 2 den Zug, durch welchen Grün einen auf III 2 stehenden Stein nach dem Felde IV 2 vorwärts schiebt. Ferner bedeutet z. B. V 4 — VI 4 den Zug, durch welchen Rot einen auf Feld V 4 stehenden roten Stein rückwärts nach Feld VI 4 bewegt.

Ein Sprung werde durch einen nach unten offenen Bogen ($\frown$) bezeichnet, vor den man das Zeichen des Ausgangsfeldes und hinter den man das Zeichen des Ankunftsfeldes setzt. Das Zeichen des springenden Steins und das des übersprungenen Steins braucht nicht hinzugefügt zu werden. Z. B. V 5 ⌒ VII 4 bedeutet den Sprung, durch welchen Grün einen grünen Stein, der auf Feld V 5 steht, über einen auf Feld VI 4 stehenden roten Stein hinweg nach Feld VII 4 bewegt.

Hiernach wird für jeden Saltaspieler, auch wenn er die oben genannte Broschüre nicht kennt, die folgende Schilderung der wichtigsten Kampfarten verständlich sein.

Rot

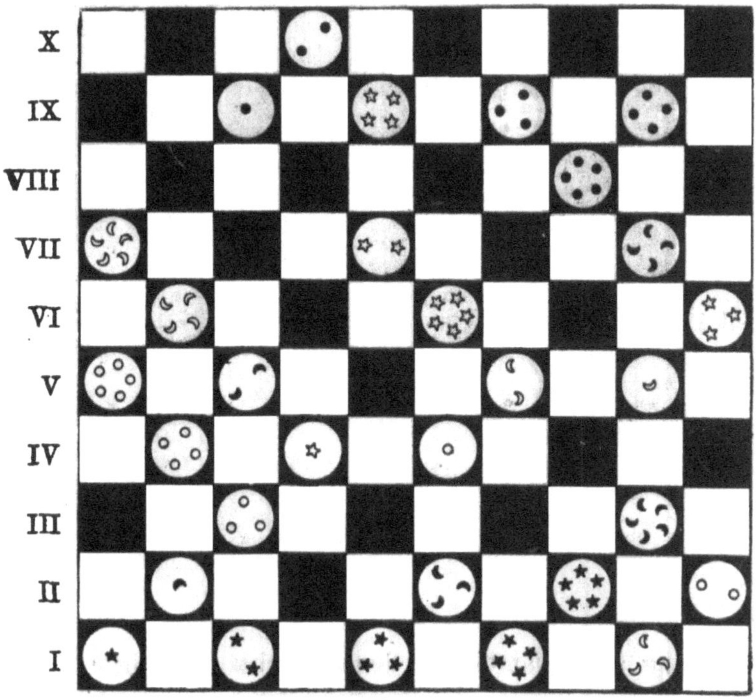

Grün

Figur 2.

1. **Die Einbohrung und das Doppelsalta.** Bei Anfang einer Saltapartie hat man vor allem darauf zu achten, dass man sich möglichst schnell mit seinen Steinen, namentlich seinen Sonnen, in das Lager des Feindes einbohrt. Fig. 2 zeigt die Position, welcne entstanden ist, nachdem Grün durch geschickte Ein-

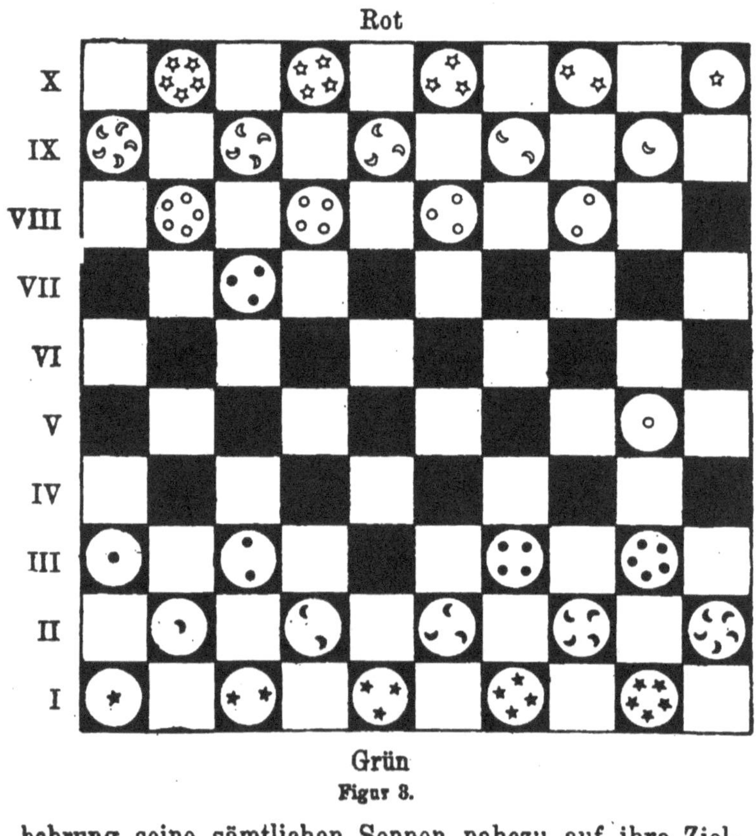

Figur 3.

bohrung seine sämtlichen Sonnen nahezu auf ihre Zielfelder gebracht hat. Da die grünen Sonnen ungehindert auf ihre Ziele losrücken können, so ist es nicht notwendig, mit denselben vorläufig Züge zu machen; vielmehr ist die Aufmerksamkeit auf andere Stellen des Schlachtfeldes zu richten. Überhaupt wird man Steine, die ungehindert ihr Ziel erreichen können, erst dann in Bewegung setzen, wenn an allen anderen Stellen des Kampfplatzes in offensiver und defensiver Beziehung Ruhe eingetreten ist.

Derjenige, welcher beim Angriff das „Einbohren" beabsichtigt, hat dabei darauf zu achten, dass er möglichst zuerst einen seiner Steine so vor den Feind

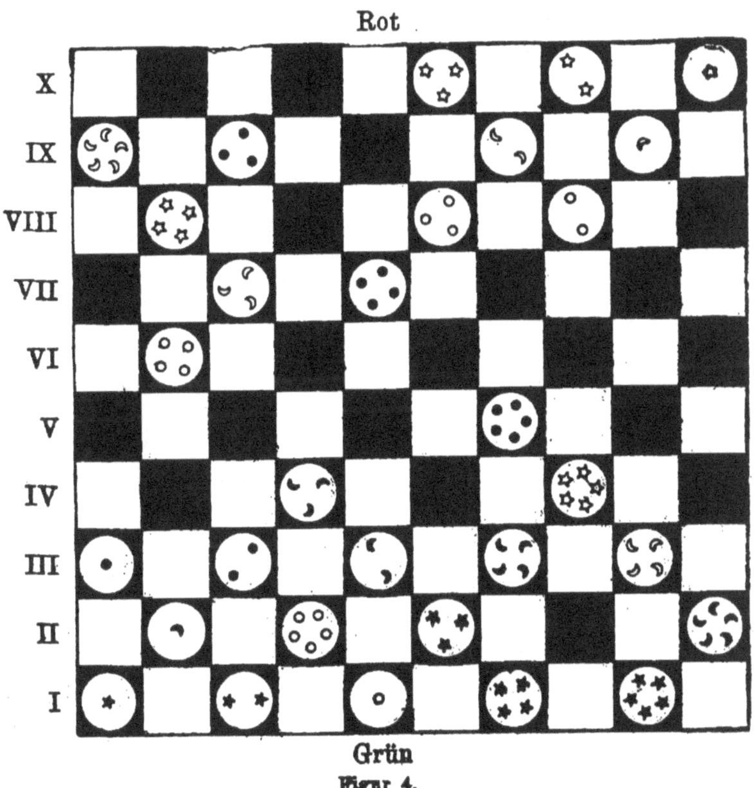

Figur 4.

postiert, dass der letztere mit zweien seiner Steine über den Stein des Angreifers hinweg springen kann, nämlich nach rechts und nach links (Doppelsalta). Bei einem solchen Doppelsalta ist der Angegriffene deshalb in gefährlicher Lage, weil er dann zweimal an anderen Stellen nicht ziehen kann. Der angreifende Spieler gewinnt also Zeit, weitere Angriffe vorzubereiten. Dazu kommt noch der Umstand, dass meist ein Doppelsalta weitere Doppelsaltas des angreifenden Steins zur Folge hat. Die Fig. 3 zeigt uns eine Position, in welcher die grüne Sonnedrei den Gegner in die Lage des Doppelsaltas versetzt hat. Die untenstehende Zugfolge zeigt die vernichtende Wirkung dieser Angriffsweise:

Grün	Rot
	VIII 2 ⌒ VI 1
III 4 + IV 3	VIII 1 ⌒ VI 2
VII 2 + VIII 2	IX 2 ⌒ VII 3
II 3 + III 3	IX 3 ⌒ VII 2
III 5 + IV 4	V 5 ⌒ III 4
I 3 + II 3	III 4 ⌒ I 3
VIII 2 + IX 2	X 2 ⌒ VIII 1
III 3 + IV 2	X 1 ⌒ VIII 2
IV 3 + V 3	VI 2 ⌒ IV 3
V 3 + VI 3	VII 3 ⌒ V 4
II 2 + III 3	IV 3 ⌒ II 2
II 4 + III 4	V 4 ⌒ III 5
VI 2 + VII 3	VIII 2 ⌒ VI 3
IV 4 + V 4	VI 3 ⌒ IV 4

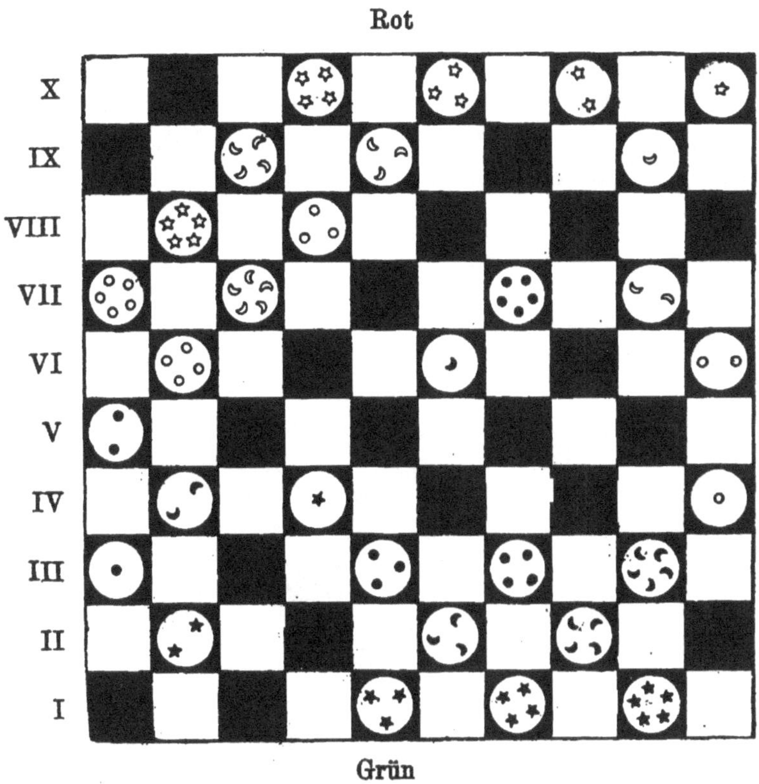

Figur 5.

Nach dieser Zugfolge ist die Position so wie Fig. 4 zeigt. Man erkennt deutlich, wie sehr die roten Steine durch den dauernden Saltazwang von ihren richtigen Wegen abgelenkt sind.

2. **Die gedeckten schrägen Linien.** Diejenige Art der Kriegführung, welche man am passendsten mit „gedeckte schräge Linie“ bezeichnet, ist für den Feind sehr verhängnisvoll. In der Fig. 5 hat Grün sich eine

gedeckte schräge Linie vorbereitet und zwar mit den Steinen:

Sternzwei, Sterneins, Mondeins und Sonnefünf.

Die Züge, die Grün nun zu machen hat, um seine schräge Position auszunutzen; sind aus folgendem ersichtlich:

Grün	Rot
	X 4 ┼ IX 4
VII 4 ┼ VIII 4 (!)	IX 5 ⌒ VII 4
III 4 ┼ IV 4	VII 4 ⌒ V 3

Rot

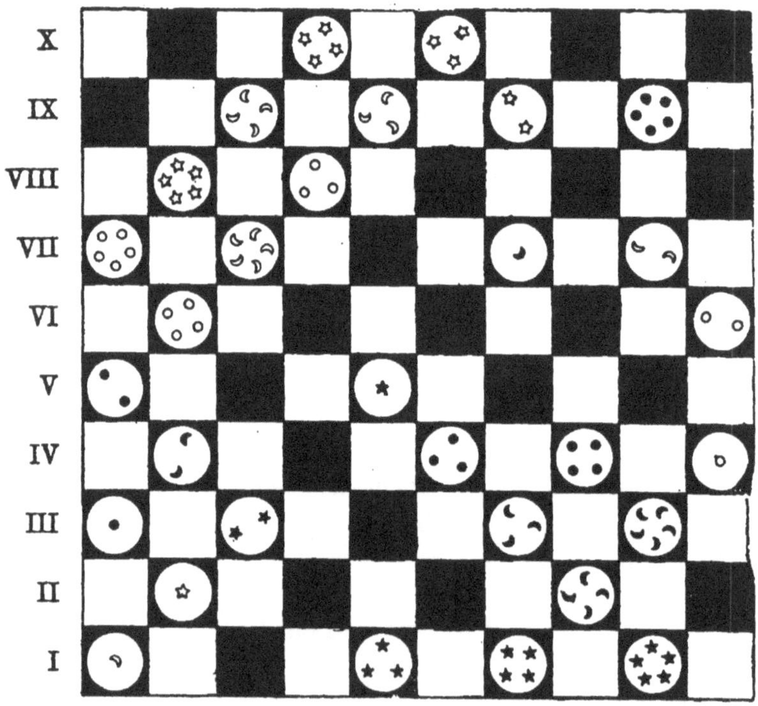

Grün

Figur 6.

Grün	Rot
II 3 + III 4	V 3 ⌒ III 2
III 3 + IV 3 (Deckung)	III 2 ⌒ I 1
VIII 4 + IX 5 (!)	X 5 ⌒ VIII 4
VI 3 + VII 4	VIII 4 ⌒ VI 3
IV 2 + V 3	VI 3 ⌒ IV 2
II 1 + III 2	IV 2 ⌒ II 1

Grün hat also dem Gegner nacheinander Mondeins und Sterneins in die verkehrte Ecke hinein manöveriert,

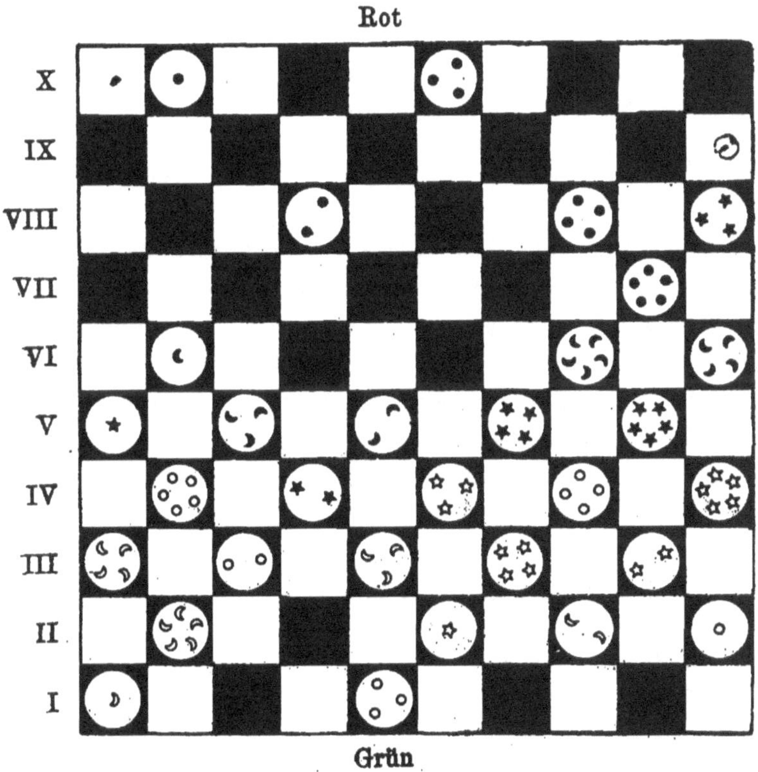

Figur 7.

so dass nach Ausfechtung der „schrägen Linie“ das Kampffeld so aussieht, wie Fig. 6 zeigt.

Die Deckung beim Ausfechten der „schrägen Linie“ beruhte auf dem Zug III 3 + IV 3.

3. **Der Abschliessungswall.** Die Fig. 7 giebt ein Bild davon, wie die Schlachtreihen zweier Spieler sich gegenseitig durchdrungen haben. Grün hat dafür gesorgt, dass seine Truppen nahe daran sind, den Sieg zu erringen. Ausserdem hat Grün einen Abschliessungswall im Rücken und zwar mit den Steinen:

Sterneins, Monddrei, Sternzwei, Mondzwei, Sternvier, Sternfünf, Mondvier.

Dadurch ist es Grün gelungen, allen weiteren Angriffen des Rot aus dem Wege zu gehen. Ein Springzwang kann für Grün nicht mehr vorkommen, falls Grün nicht selbst dem Rot Gelegenheit giebt, ihm einen Springzwang aufzuerlegen. Grün hat ausserdem ein grosses Terrain gewonnen, innerhalb dessen Grün sich entwickeln und die noch nicht richtig postierten Steine durch Zickzackzüge auf ihre Zielfelder führen kann. Erst, wenn die Steine innerhalb des durch den Abschliessungswall erlangten freien Terrains am Platze stehen, beginnt Grün allmählich und vorsichtig seinen Wall abzubauen und die Steine, die ihn gebildet haben, zum Ziele zu führen. Hierbei muss Grün darauf achten, dass der Feind ihm nicht durch Rückwärtszüge den Weg zum Ziele versperrt. Denn Rot wird jedenfalls bei der günstigen Lage des Grün alles aufbieten, um Grün Hindernisse zu bereiten. Für Rot ist die Lage sehr ernst. Zwar besteht hier auch ein Abschliessungswall, gebildet von den Steinen:

Mondvier, Sonnefünf, Sonnezwei, Monddrei, Sterndrei, Sonnevier, Sternfünf.

Jedoch ist das Terrain innerhalb dieses Walles sehr eng und die bedenklich in Unordnung geratenen Truppen haben keinen Platz, um sich zu entwickeln. Rot thut in dieser kritischen Lage am besten, wenn er mit seinen Truppen durch Rückzug den Gegner an der Erreichung der Schlussstellung hindert.

Rot

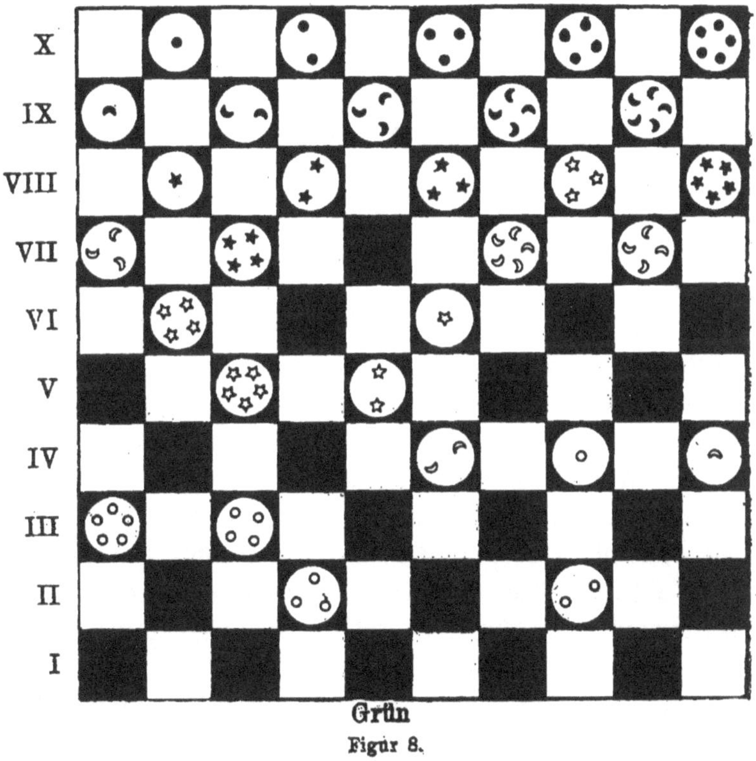

Grün

Figur 8.

4. **Der Rückzug.** Wie soeben am Schluss von 3. erwähnt wurde, bietet ein weiteres wichtiges Mittel der Verteidigung „der Rückzug“, um vieles und vielleicht alles noch zu retten. Durch einen unvorsichtigen Abbau des Abschliessungswalles (vgl. 3) kann der eingeengte Spieler durch Rückzug plötzlich dem Feinde in die Flanke fallen und ihm dadurch unvorhergesehene Schwierigkeiten bereiten. Die Fig. 8 giebt ein Bild davon, wie Rot seinen Rückzug bewerkstelligt hat.

Grün hat mit allen Steinen, ausser Sternvier, die Zielfelder erreicht. Dieser Stein ist von Rot durch den Rückzug so eingeklemmt, dass er sich nicht nach seinem Endziele hinbewegen kann. Vielmehr kann Rot, der am Zuge ist, die Einklemmung noch vervollständigen, indem Rot Sterneins zurückzieht. Alsdann bleibt dem Grün nur noch der Zug mit Sternvier nach rückwärts offen. Da Rot nach den Spielregeln gezwungen ist, dem Gegner immer noch einen Zug offen zu lassen, so lässt Rot den Grün zwischen den beiden Feldern VI 2 und VII 2 sich dauernd hin und her bewegen. Während dieses Hin- und Herziehens hat Rot Zeit, alle Steine auf ihre Zielfelder zu bringen, die nicht an der Einengung des grünen Sternvier beteiligt sind. Erst dann wird Rot auch diese Steine rücken, und dadurch den eingeklemmten Stein freigeben. Selbst wenn nun Rot noch viele Züge nötig hat, um die zur Einklemmung benutzten Steine auf ihre Plätze zu bringen und Grün nur den eingeklemmten Stein auf sein Zielfeld zu bewegen hat, so wird doch die Zahl der Points, mit der Rot vielleicht verliert, jetzt eine geringere sein, als wenn Rot die Rückzugsmethode überhaupt nicht befolgt hätte.

Rot

X

IX

VIII

VII

VI

V

IV

III

II

I

Grün

Figur 9.

5. **Die Festsetzung.** Die Fig. 9 giebt ein Bild davon, wie der rote Stein Sterneins festgesetzt ist.

Grün hat seinen Angriff auf Festsetzung dieses Steins angelegt. Dadurch ist dem Rot jegliche Möglichkeit abgeschnitten, mit Sterneins vorzugehen, was dem Grün von Vorteil zu sein scheint. Es ist selbstverständlich, dass Rot nicht siegen kann, ehe Rot den festgesetzten Stein zu bewegen in der Lage ist. Andererseits muss aber auch Grün schliesslich daran denken, die festsetzenden Steine zu ziehen und dadurch den festgesetzten Stein freizugeben. Man erkennt hieraus, dass die Festsetzung höchstens dann anzuwenden ist, wenn die festzusetzenden Steine in unmittelbarer Nähe ihrer Zielfelder sind. Im vorliegenden Falle ist es

Rot

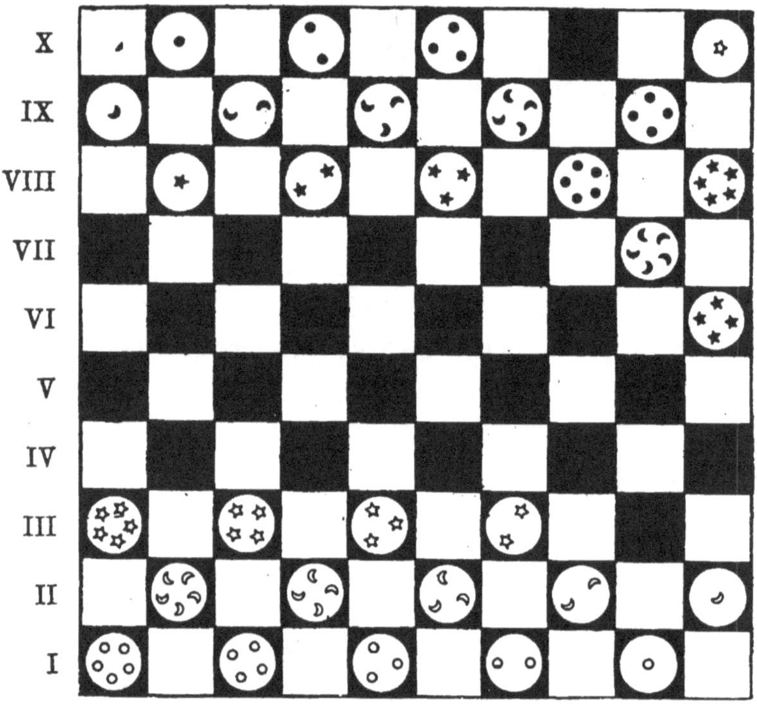

Grün

Figur 10.

zweifelhaft, ob die Festsetzung, trotz der günstigen Stellung der grünen Steine, für Grün von Vorteil war, da die Wege der grünen Steine von der Festsetzungsstelle zu ihren Zielfeldern gar zu lang sind. Wie die in Fig. 9 aufgezeichnete Position etwa am Ende der Partie aussehen könnte, zeigt die Fig. 10.

Man erkennt, dass alle roten Steine am Platze sind, mit Ausnahme des noch immer festgesetzten Sterneins. Da nun alle Bewegungen, die nicht darauf gerichtet sind, dass die grünen Steine auf ihre Zielfelder kommen, zwecklos sind, so muss Grün sich endlich entschliessen, den roten Stein freizugeben. Es wird sich herausstellen, dass trotz der unmittelbaren Zielnähe der grünen

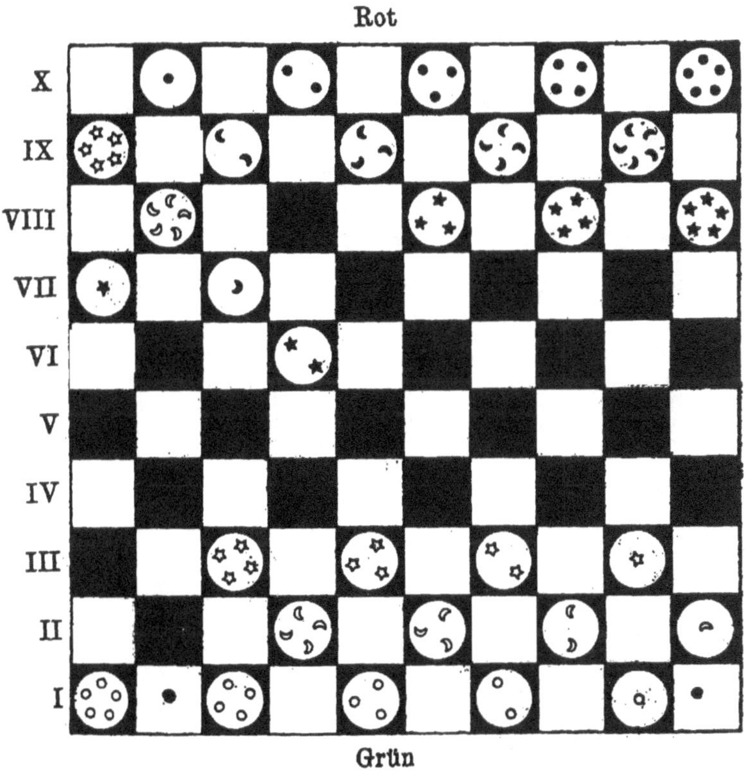

Figur 11.

Steine, Grün dennoch verliert, freilich nur mit einem Point, wie die nachstehende Zugfolge zeigt.

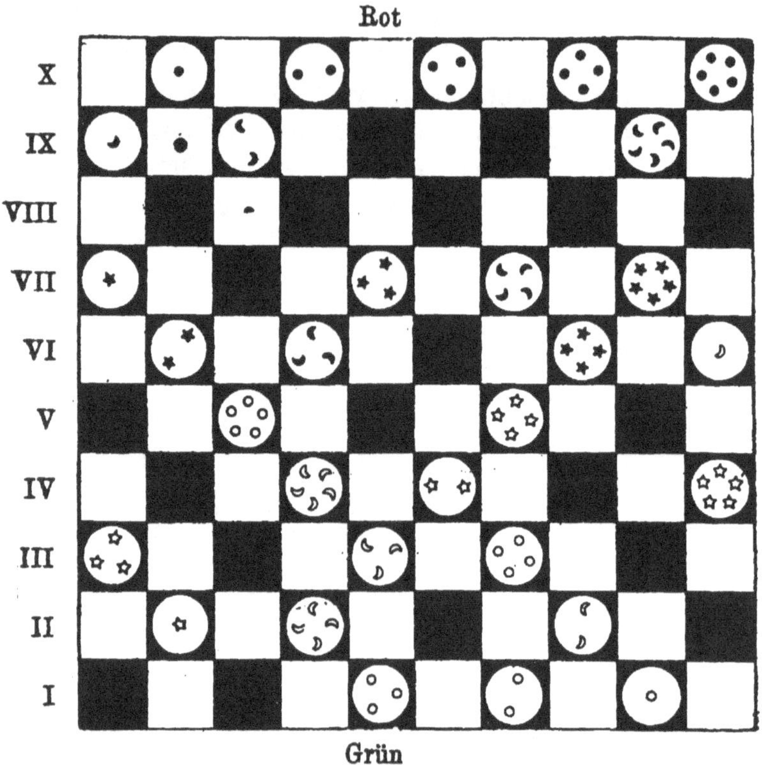

Figur 12.

Grün	Rot
IX5 + X4	X5 + IX5
VIII4 ⌒ X5	IX5 + VIII4
VIII2 — VII3	VIII4 + VII4
VII3 + VIII2	VII4 + VI4
VII5 + VIII4	VI4 + V5
VIII4 + IX5	V5 + IV4
VI5 + VII5	IV4 + III5

Hieraus ist ersichtlich, dass eine Festsetzung eines gegnerischen Steins gefährlich ist. Ja, es ist sogar immer für einen Spieler ein Vorteil, wenn er mit einem seiner Steine zurückbleiben darf, da er dann noch imstande ist, dem dem Ziele zustrebenden Gegner Schaden zuzufügen. Eine andere Art von Festsetzung ist in Fig. 11 dargestellt.

Grün hat den roten Sternfünf und Mondfünf festgesetzt, und zwar dieses Mal mit Erfolg, wie die nachstehende Zugfolge beweist.

Grün	Rot
VI2 + VII3	VIII1 ⌒ VI2
VII2 + VIII1	IX1 ⌒ VII2
VII3 + VIII2	VII2 + VI1
VIII1 + IX1	VI2 + V2
VII1 + VIII1	

Rot hat also mit 6 Points verloren.

6. **Pointsverminderung am Schluss.** Wenn ein Spieler einsieht, dass der Sieg doch nicht mehr zu erringen ist, so soll er alle Offensiven einstellen und nur sein Augenmerk darauf richten, die Pointzahl, die sich aus den Nachzügen nach dem Siege des Gegners ergiebt, zu vermindern. Die Fig. 12 zeigt eine Position, aus der Grün zweifellos als Sieger hervorgehen muss.

Rot ist rettungslos verloren und hat daher von nun an seine Steine so zu dirigieren, dass sie im Moment, wo die grünen Steine alle am Platze sein werden, möglichst wenig „Nachzüge“ zu machen haben, um ihre Zielfelder zu erreichen.

II. Abschnitt.

Geometrische Probleme.

§ 1.

Hölzchen fortnehmen und zulegen.

Seit langer Zeit dienen zur Unterhaltung gewisse geometrische Probleme, bei denen es darauf ankommt, Figuren, die aus Hölzchen von bestimmter Länge sich zusammensetzen, in andere Figuren dadurch zu verwandeln, dass gewisse zu erratende Hölzchen fortgenommen und dieselben oder andere Hölzchen an zu erratende Stellen hingelegt werden. Da sich eine allgemeine Theorie für die Lösung solcher Probleme nicht aufstellen lässt, so lassen wir hier nur die Probleme selbst in reicher Auswahl folgen. Ein Teil derselben ist vom Verfasser selbst erdacht, ein andrer Teil dem „Streichholzspiele von Sophus Fromholt" betitelten Büchelchen (Leipzig, 1889) entnommen.

1. In der Fig. 1a) sind 7 von den 20 gleichlangen Hölzchen so umzulegen, dass 4 Quadrate entstehen.

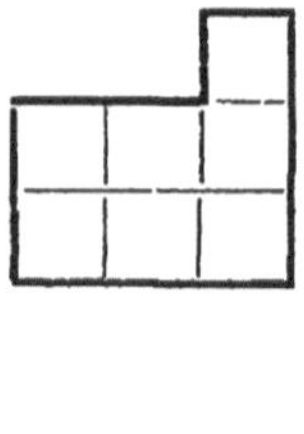

Figur 1a.

Die Lösung zeigt Fig. 1b:

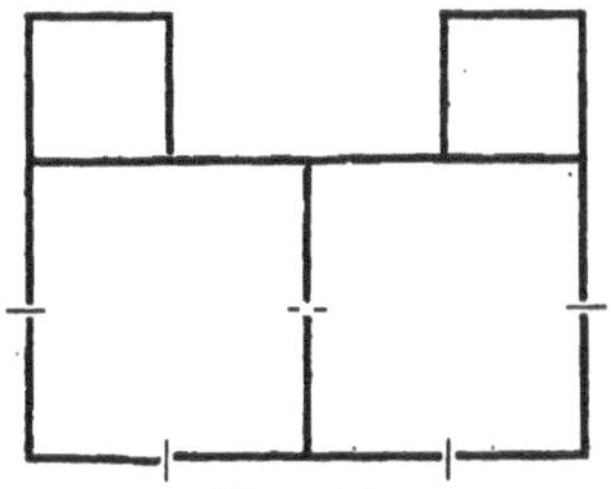

Figur 1b.

2. Aus der Fig. 2a sind 4 von den 24 gleichlangen Hölzchen so zu entfernen, dass 5 gleichgrosse Quadrate übrig bleiben:

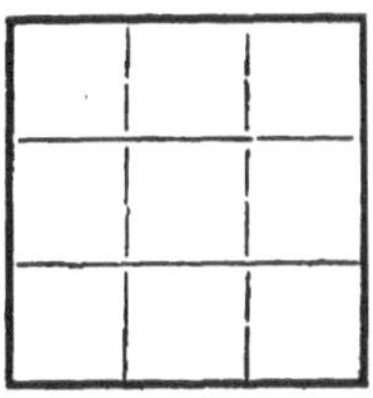

Figur 2a.

Man überlege, dass 20 Hölzchen übrig bleiben, die fünf Quadrate bilden sollen, dass also keine zwei Quadrate ein Hölzchen gemeinsam haben dürfen. Die Lösung zeigt demnach die Fig. 2b:

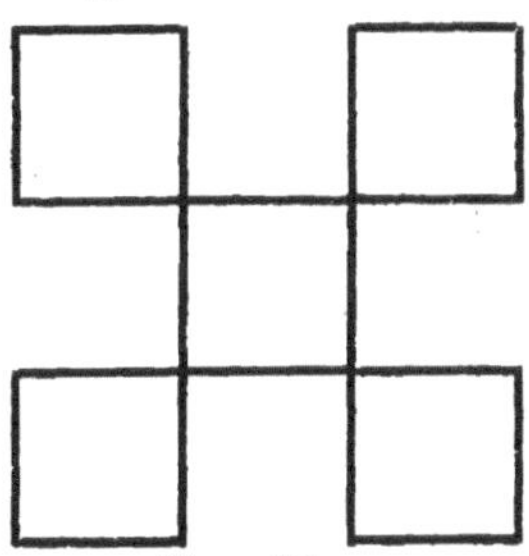

Figur 2b.

3. Die Fig. 3a besteht aus 26 gleich langen Hölzchen. Aus denselben Hölzchen soll, nach Entfernung zweier Hölzchen, eine neue Figur gebildet werden, die $2\frac{2}{3}$ mal so viel Inhalt hat:

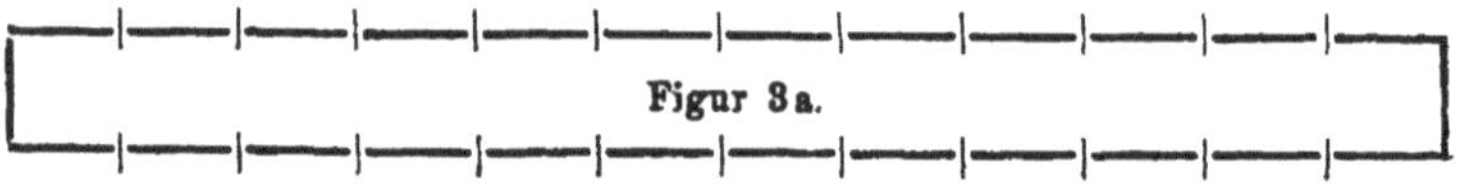

Figur 3a.

Die Lösung zeigt Fig. 3b:

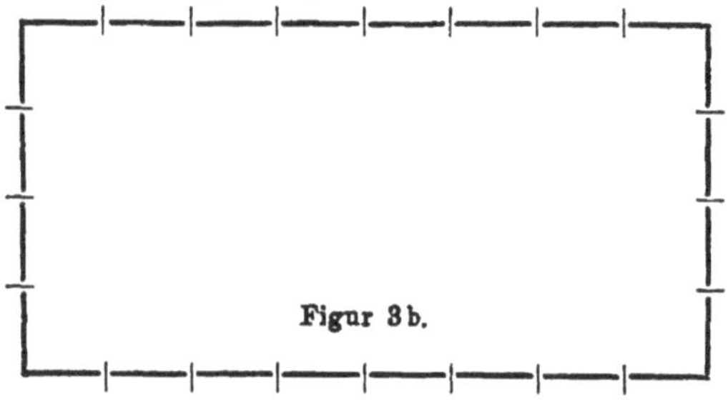

Figur 3b.

4. Aus der Fig. 4a sind 16 Hölzchen so zu entfernen, dass zwölf gleich grosse Quadrate übrig bleiben:

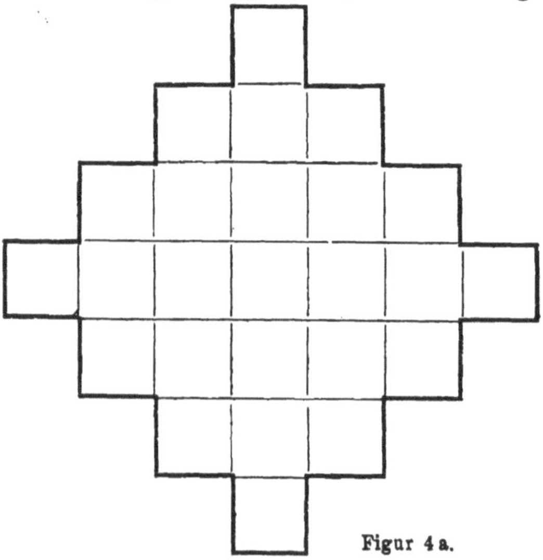

Figur 4a.

Die Lösung zeigt Fig. 4b:

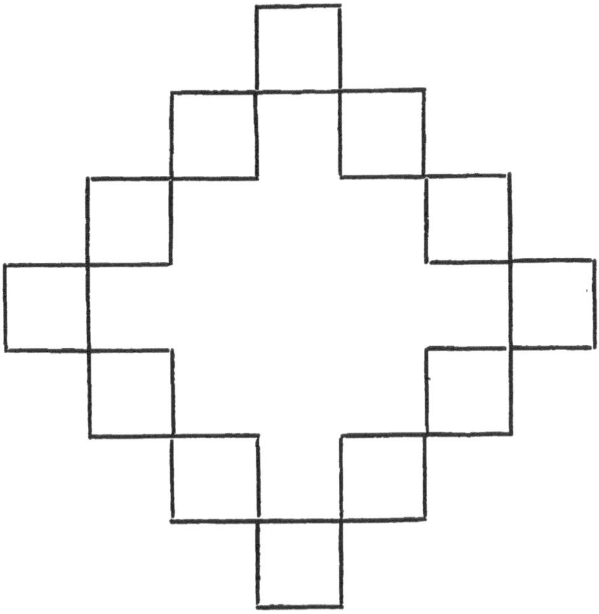

Figur 4b.

5. Aus der Fig. 5a sind 14 Hölzchen so fortzunehmen, dass 6 gleich grosse Quadrate übrig bleiben:

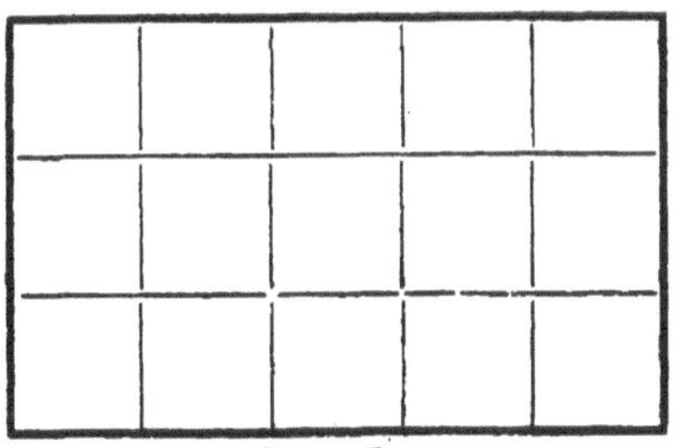

Figur 5a.

Man überlegt, dass 38 minus 14, also 24 Hölzchen übrig bleiben, und dass 24 Hölzchen nur dann 6 Quadrate bilden können, wenn kein Hölzchen zu zwei Quadraten gehört. Hiernach muss die entstehende Figur so aussehen, wie Fig. 5b:

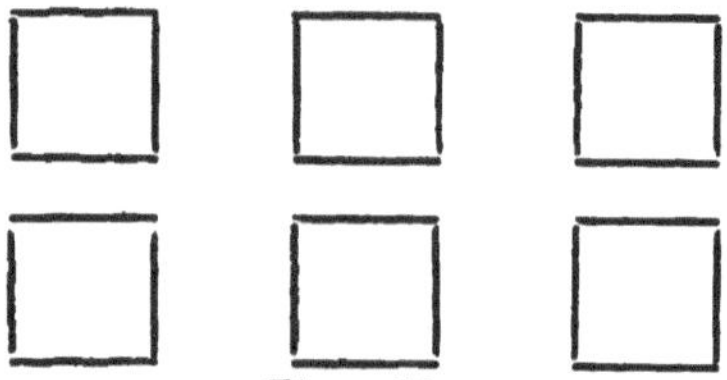

Figur 5 b.

6. Aus der Fig. 6a sind 6 Hölzchen so zu entfernen, dass drei Quadrate übrig bleiben:

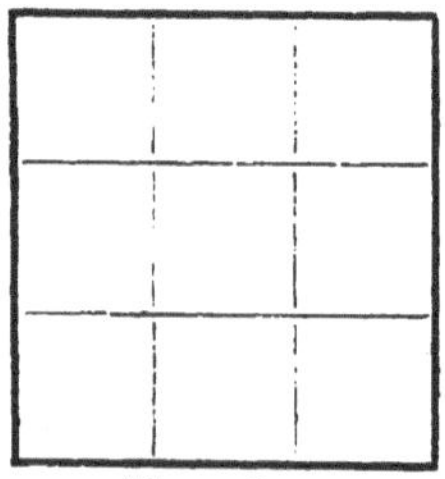

Figur 6a.

Man überlegt, dass die übrig bleibenden 18 Hölzchen nicht drei gleich grosse Quadrate bilden können. Da aber $18 = 4 . 3 + 2 . 2 + 2 . 1$ ist, sind die Hölzchen so zu entfernen, dass die Fig. 6b herauskommt:

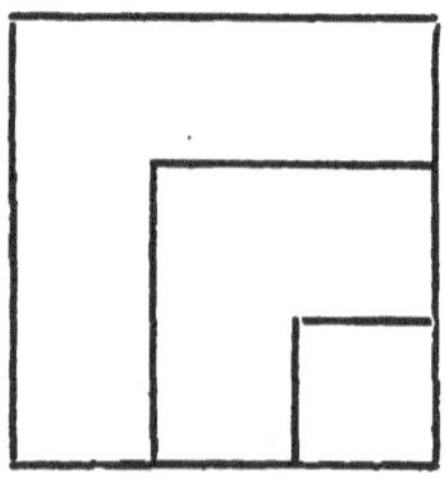

Figur 6b.

7. Die Fig. 7a wird von 20 gleich langen Hölzchen begrenzt. Ihr Inhalt beträgt 21 mal soviel, wie ein

über einem Hölzchen stehendes Quadrat. Es soll ein genaues Rechteck formiert werden, dessen Umfang aus den 20 Hölzchen besteht und dessen Inhalt ebenso gross ist, wie der Inhalt der gegebenen Figur:

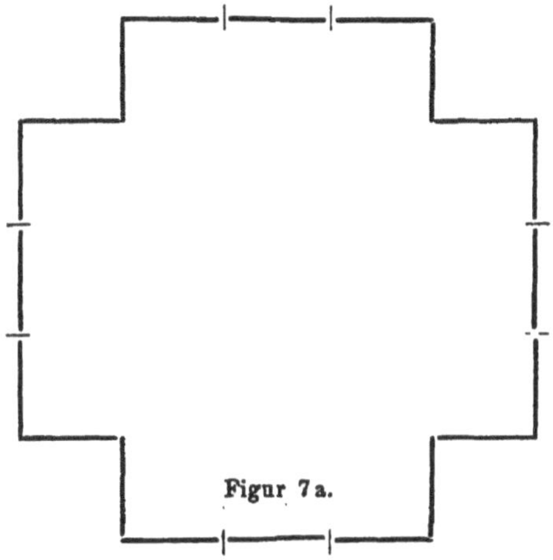

Figur 7a.

Da die Summe zweier aufeinanderfolgender Seiten des gesuchten Rechtecks 10 Hölzchen beträgt und der Inhalt des Rechtecks 21mal soviel wie das Quadrat über einem Hölzchen betragen soll, so haben wir die beiden Zahlen zu bestimmen, deren Summe 10 und deren Produkt 21 ist. Dies sind die Zahlen 7 und 3. Also sieht das zu formierende Rechteck so aus, wie Fig. 7b:

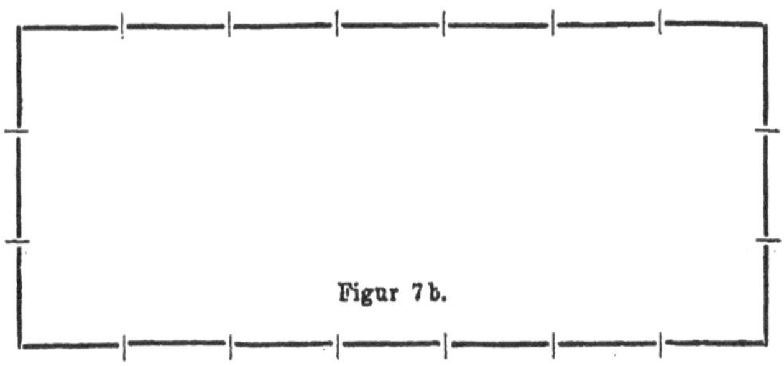

Figur 7b.

8. Aus der Fig. 8a sind 8 Hölzchen zu entfernen, so dass sechs Quadrate entstehen:

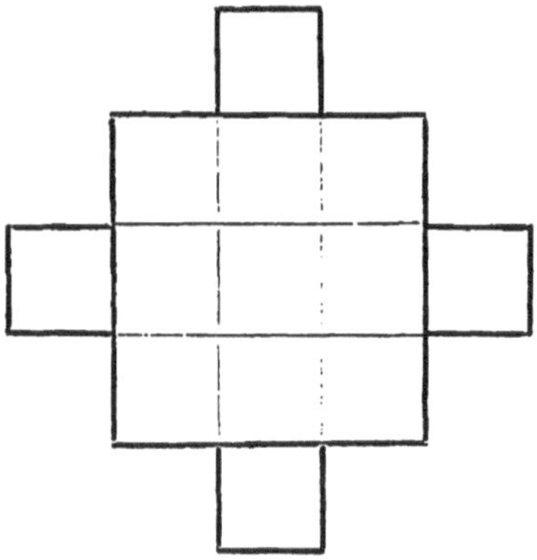

Figur 8a.

Da $36 - 8 = 28 = 4 \cdot 3 + 3 \cdot 4 + 4$ ist, so giebt die Fig. 8b die Lösung:

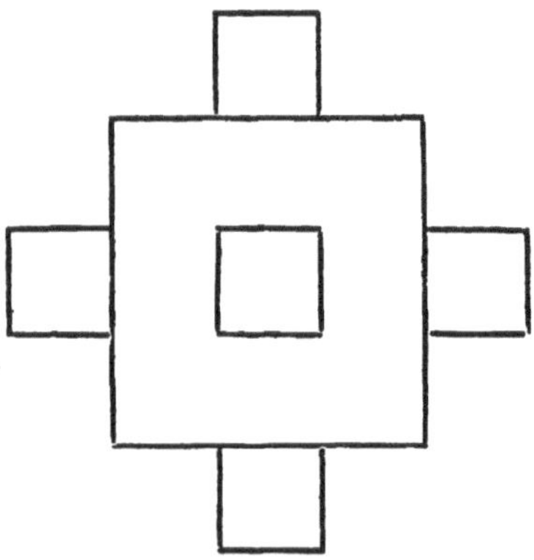

Figur 8b.

9. Aus der Fig. 9a sind 24 Hölzchen so fortzunehmen, dass neun gleich grosse, central-symmetrisch angeordnete Quadrate entstehen.

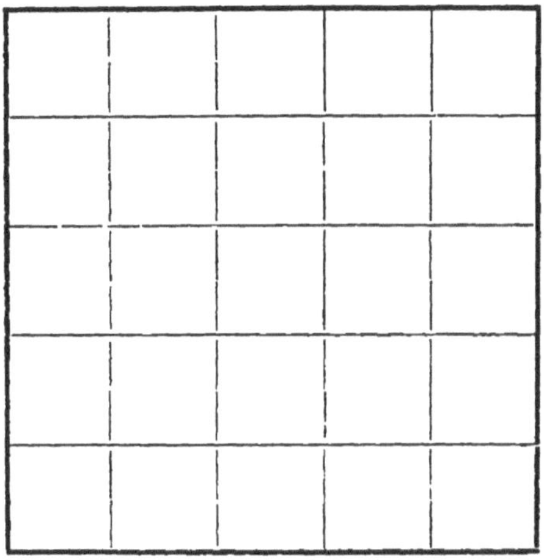

Figur 9a.

Da von 60 Hölzchen 24 fortzunehmen sind, also 36 bleiben, so können, da 4 mal 9 gleich 36 ist, die Quadrate nur so liegen, dass nie zwei Quadrate ein Hölzchen gemeinsam haben. Dies führt zu der Lösung, die Fig. 9b zeigt:

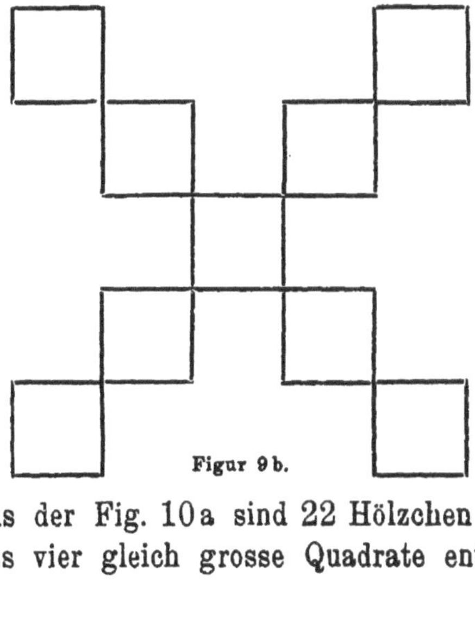

Figur 9b.

10. Aus der Fig. 10a sind 22 Hölzchen so zu entfernen, dass vier gleich grosse Quadrate entstehen:

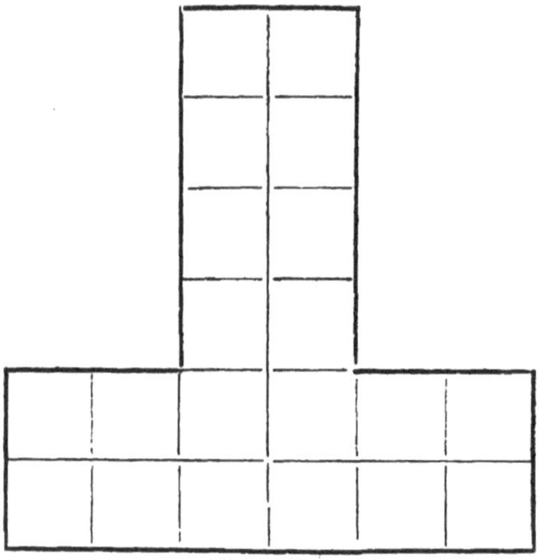

Figur 10a.

Da $52 - 22 = 30$ nicht durch 4 teilbar ist, so müssen zwei Quadrate eine Seite gemeinsam haben, falls die Seite jedes Quadrats aus zwei Hölzchen besteht. Diese Überlegung ergiebt die durch Fig. 10b dargestellte Lösung:

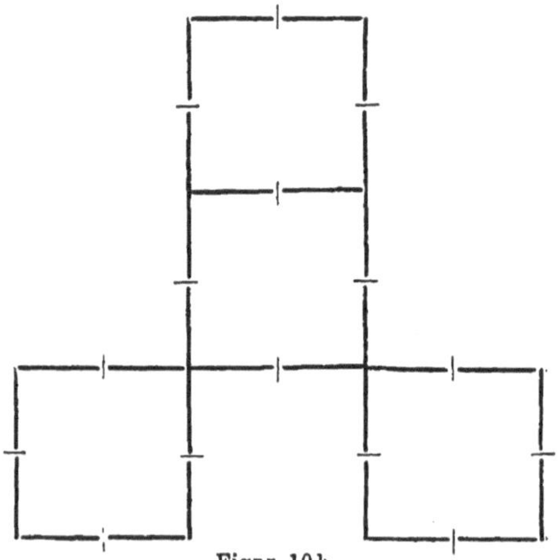

Figur 10b.

11. Aus 12 gleichlangen Hölzchen soll eine Figur gebildet werden, die kein Quadrat ist, die aber, nach der Hinzufügung von vier Hölzchen, 5 Quadrate bildet.

Die Hölzchen sind so zu legen, wie die Fig. 11 zeigt. Die hinzuzufügenden vier Hölzchen sind durch Punkte angedeutet:

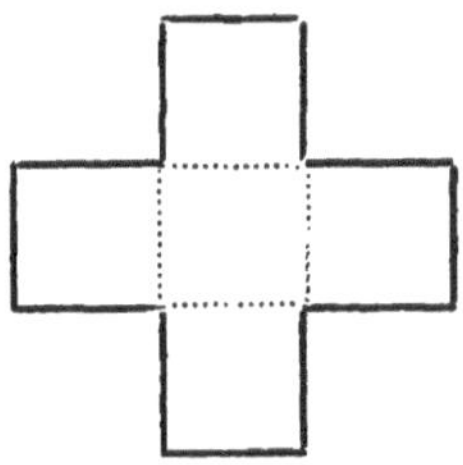

Figur 11.

12. Von den 15 gleichlangen Hölzchen, welche die Fig. 12a bilden, 12 Hölzchen unberührt zu lassen und die übrigen drei so umzulegen, dass zwei Quadrate entstehen:

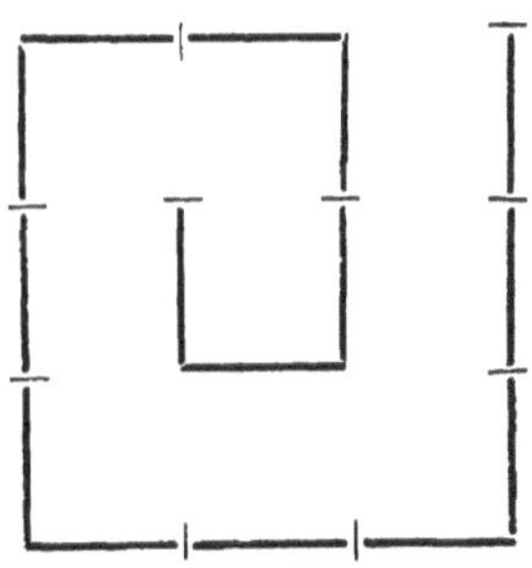

Figur 12a.

Nach Umlegung der drei Hölzchen entsteht die Fig. 12b.

13. Die Fig. 13a besteht aus einem grossen Quadrat über vier gleichlangen Hölzchen und einem innerhalb des-

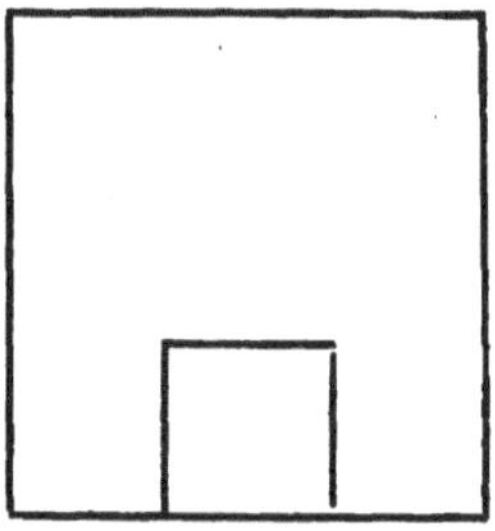

Figur 12b.

selben befindlichen kleineren Quadrat über einem Hölzchen. Das zwischen beiden Quadraten liegende Flächenstück soll in fünf in Form und Inhalt übereinstimmende Teile zerlegt werden, und zu dieser Zerlegung sollen zehn ebenso lange Hölzchen verwendet werden.

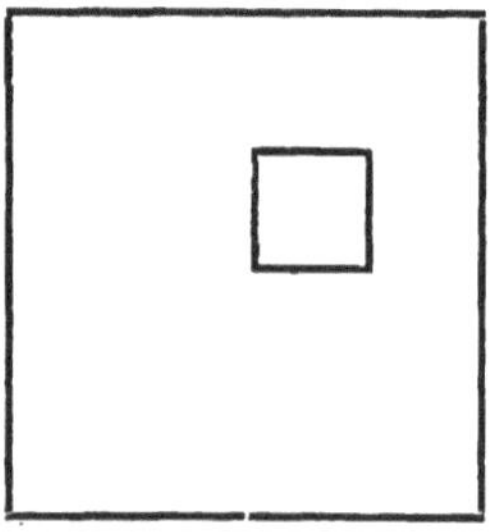

Figur 13a.

Die Lösung zeigt die Fig. 13b:

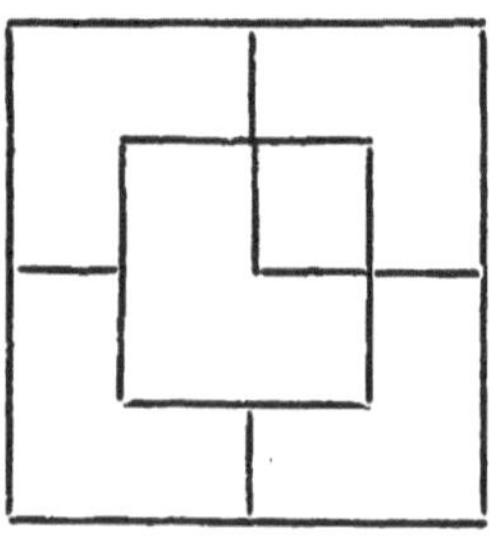

Figur 13b.

14. Von den 12 gleichlangen Hölzchen der Fig. 14a sind drei so umzulegen, dass sechs kongruente Parallelogramme entstehen:

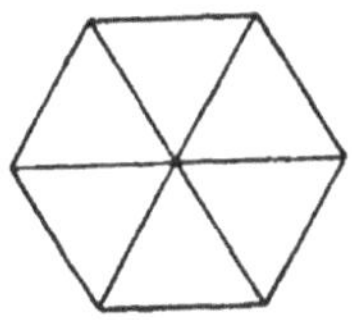

Figur 14a.

Die Lösung zeigt Fig. 14b:

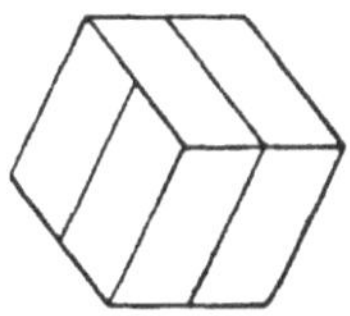

Figur 14b.

15. Aus der Fig. 15a sind 5 Hölzchen so fortzunehmen, dass 5 Dreiecke übrig bleiben:

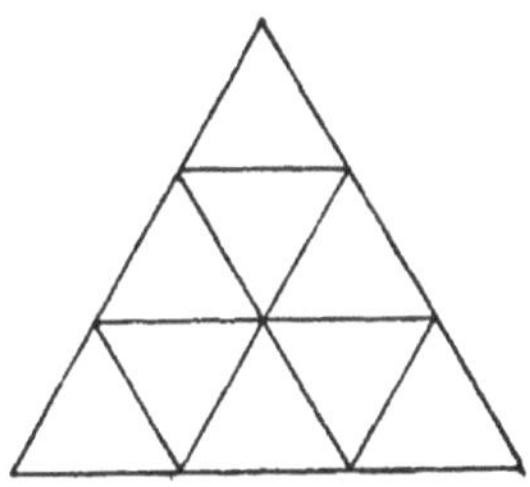

Figur 15a.

Man nehme so fort, dass Fig. 15b übrig bleibt:

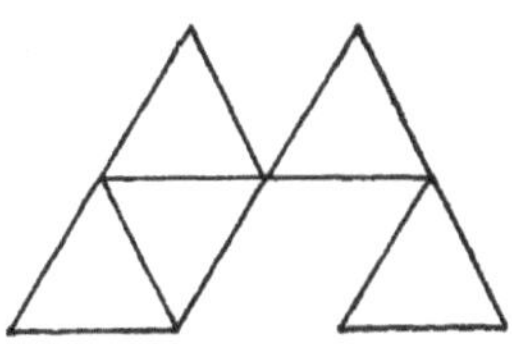

Figur 15b.

16. In der Fig. 16a sind 6 von den 18 gleich langen Hölzchen so umzulegen, dass 6 kongruente Rhomben entstehen:

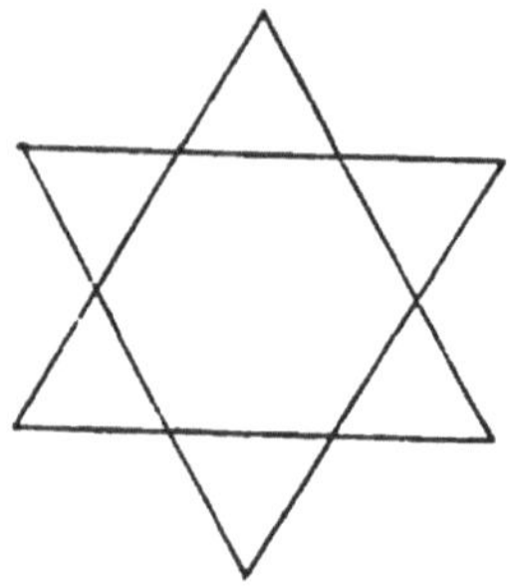

Figur 16a.

Nach Umlegung der 6 Hölzchen entsteht die Fig. 16b:

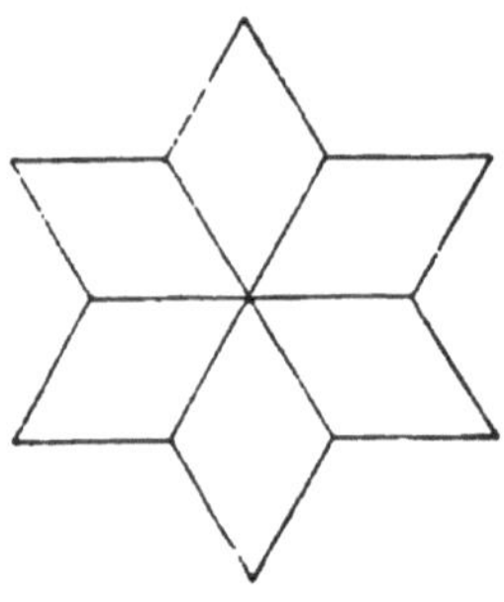

Figur 16b.

17. Man denke sich, dass das inwendig liegende Quadrat der Fig. 17a eine Insel bedeute, die von einem achtmal so grossen, auch ein Quadrat bildenden Wassergraben umgeben sei. Jemand befindet sich ausserhalb des Wassergrabens, möchte auf die Insel gelangen, hat aber nur zwei Bretter zur Verfügung, welche nur genau so lang sind, wie die Breite des Wassergrabens. Wie hat er den Übergang zu bewerkstelligen?

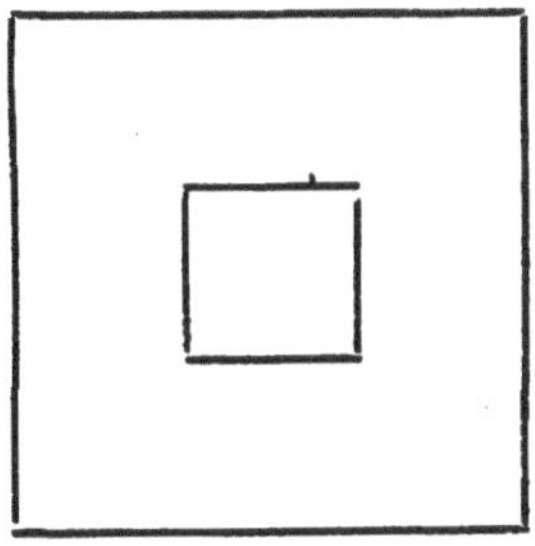

Figur 17a.

Die Lösung besteht darin, dass er zunächst ein Brett so legt, dass es in einer Ecke des Wassergrabens ein gleichschenklig-rechtwinkliges Dreieck erzeugt, und dass er dann von der Mitte der Hypotenuse desselben nach der zunächst liegenden Ecke der Insel das zweite Brett legt, wie die Fig. 17b zeigt, bei der aus Versehen das Übergreifen des zweiten Bretts auf die Insel nicht angedeutet ist:

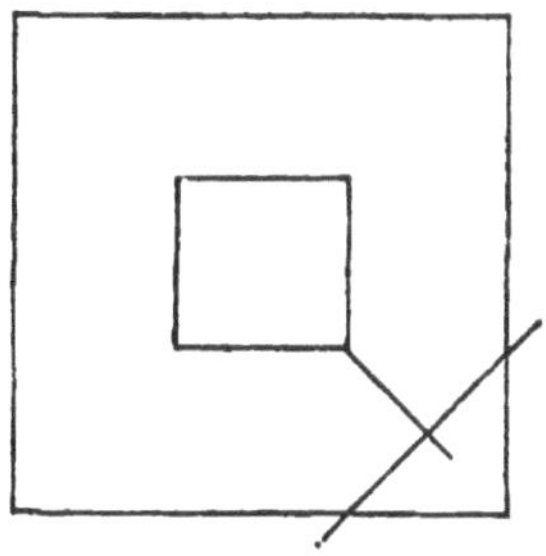

Figur 17b.

Die mathematische Berechnung zeigt, dass, wenn die Breite des Grabens, also auch die Länge eines Bretts 1 m beträgt, jedes der beiden Bretter an jedem seiner beiden Enden nur mit 28,6 mm auf festem Boden ruht, dass also die Aufgabe praktisch noch gerade lösbar ist.

18. Wir schliessen diese Zusammenstellung von Hölzchenproblemen mit der auf Düpieren des Befragten abgesehenen Frage, wie man aus sechs gleich langen Hölzchen vier gleichseitige Dreiecke bilden kann. Die Antwort lautet, dass man aus drei Hölzchen ein gleichseitiges Dreieck bildet, und die drei andern Hölzchen mit ihren einen Endpunkten auf die Ecken dieses Dreiecks stützt, ihre andern Eckpunkte aber oben zu einer Spitze vereinigt, was, bei einiger Geschicklichkeit, mit den Händen geschehen kann. Es entsteht so ein regelmässiges Tetraeder, das von vier gleichseitigen Dreiecken begrenzt wird.

§ 2.

Zerlegung und Zusammensetzung von Flächenstücken.

Wenn jedes von zwei Flächenstücken so in Teile zerlegt werden kann, dass immer ein Teil des einen mit einem Teile des andern kongruent ist, dass heisst, nicht bloss im Inhalt, sondern auch in der Form übereinstimmt, so haben auch die Flächenstücke selbst gleichen Inhalt. Nicht aber kann man umgekehrt sagen, dass immer jedes von zwei inhaltsgleichen Flächenstücke so in Teile zerlegt werden kann, dass jeder Teil des einem einem Teile des andern kongruent ist. In vielen Fällen gelingt eine solche Zerlegung jedoch, und es entsteht dann die Aufgabe, die Zerlegung des einen Flächenstücks so zu bewerkstelligen, dass aus den erhaltenen Teilen das andere Flächenstück zusammengesetzt werden kann. Ein sehr einfaches Beispiel bieten die jedem Leser von seiner Kindheit her erinnerlichen Parquetspiele. Ein solches Parquetspiel besteht in seiner einfachsten Form von lauter verschiedenfarbigen, aber kongruenten gleichschenklig-rechtwinkligen Dreiecken, die man dann in verschiedener Weise zu hübschen Figuren zusammensetzen kann. So kann man aus vier solchen kongruenten gleichschenklig-rechtwinkligen Dreiecken einerseits ein Quadrat, andrerseits auch ein Rechteck zusammensetzen, dessen eine Seite doppelt so lang ist, als die andere, wie die beiden Fig. 1a und 1b zeigen:

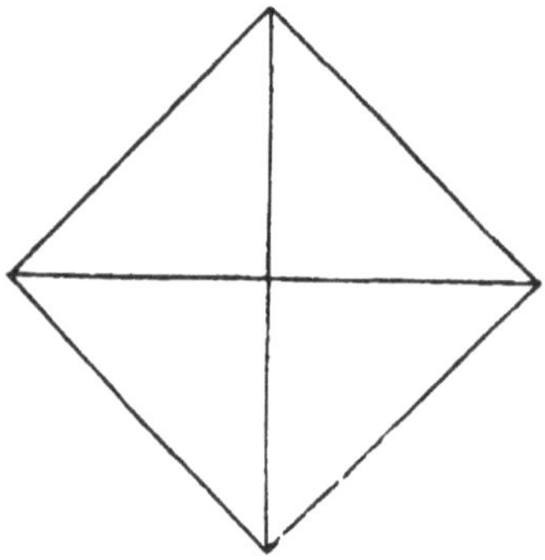

Figur 1a.

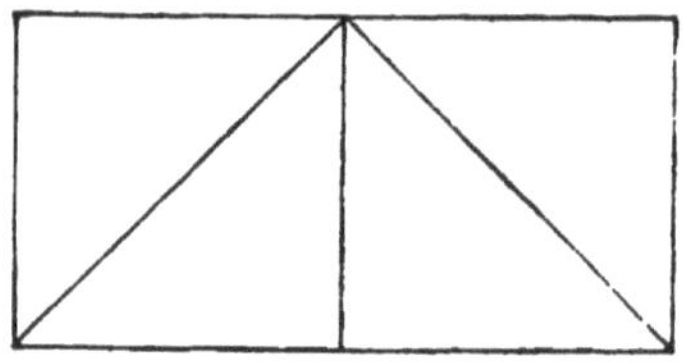

Figur 1b.

Man kann also auch jede der beiden Figuren sich so zerschnitten denken, dass aus den Teilen die andere Figur zusammengesetzt werden kann.

Auch der seit $2\frac{1}{2}$ Jahrtausenden berühmte pythagoräische Lehrsatz kann dadurch bewiesen werden, dass man ein und dasselbe Flächenstück auf zwei verschiedene Arten in kongruente Teile zerlegt. Der Satz des Pythagoras handelt bekanntlich von einem beliebigen rechtwinkligen Dreieck. Nennt man bei einem solchen die dem rechten Winkel gegenüberliegende Seite Hypotenuse und jede der beiden den rechten Winkel einschliessenden Seiten Kathete, so kann der Lehrsatz des Pythagoras kurz so ausgesprochen werden: Das Quadrat, das die Hypotenuse als Seite hat, hat ebensoviel Inhalt, wie die beiden Quadrate über den Katheten zusammengenommen. In der That lässt sich das Quadrat über der Summe der beiden Katheten einerseits in fünf Teile zerlegen, von denen einer das Hypothenusenquadrat ist und die andern vier dem Dreieck selbst kongruent sind, andrerseits aber auch in sechs Teile zerlegen, von denen zwei die Kathedenquadrate sind, und vier wieder dem Dreieck selbst kongruent sind, wie die Fig. 2a und 2b zeigen:

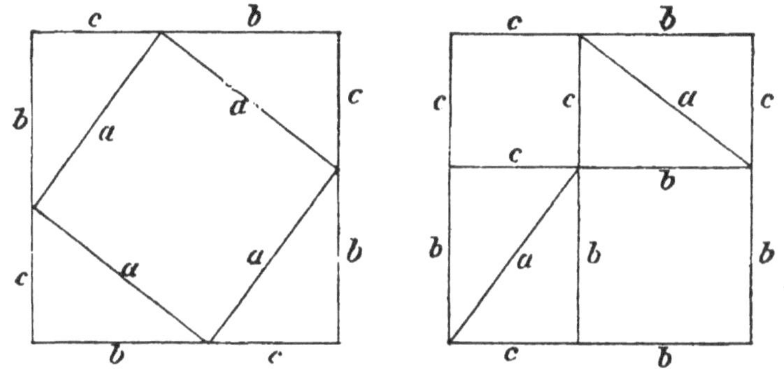

Figur 2a. Figur 2b.

Da bei den meisten dieser Aufgaben das Verständnis der Zerlegung zuviel geometrische Kenntnisse erfordert, so begnügen wir uns damit, hier nur noch drei verschiedenartige Aufgaben anzuführen, deren Lösung auch Laien verständlich sein wird:

1. Ein Rechteck, dessen eine Seite fünfmal so lang wie die andere, soll in neun Teile so zerlegt werden, dass sich aus den neun Teilen ein Quadrat zusammensetzen lässt. Die beiden Fig. 3a und 3b verdeutlichen die Lösung:

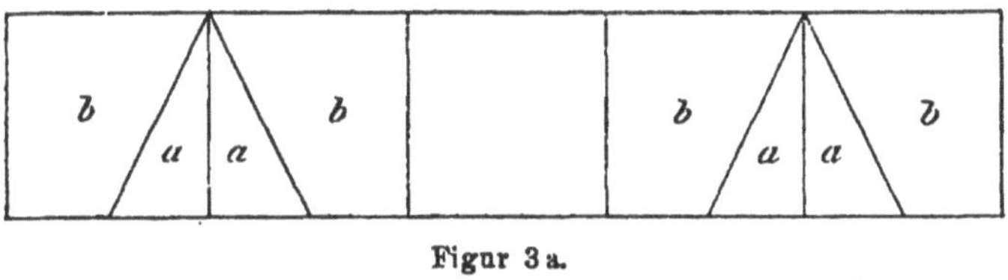

Figur 3a.

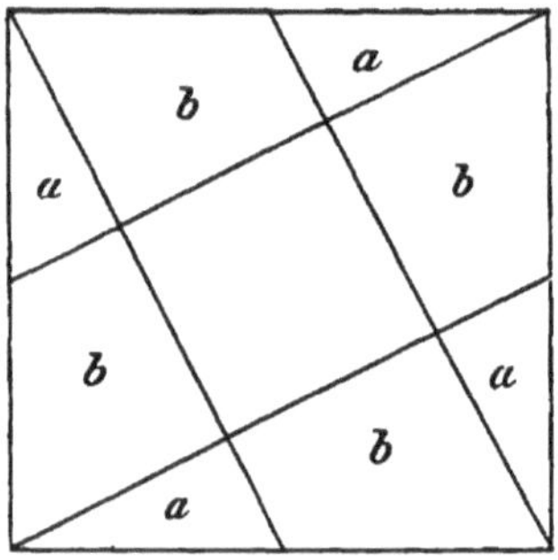

Figur 3b.

2. Aus sieben regulären Dreiecken und vier Quadraten, welche alle dieselbe Seitenlänge haben, wie jedes der Dreiecke, ein gleichseitiges Neuneck zusammenzusetzen. Die Lösung zeigt Fig. 4:

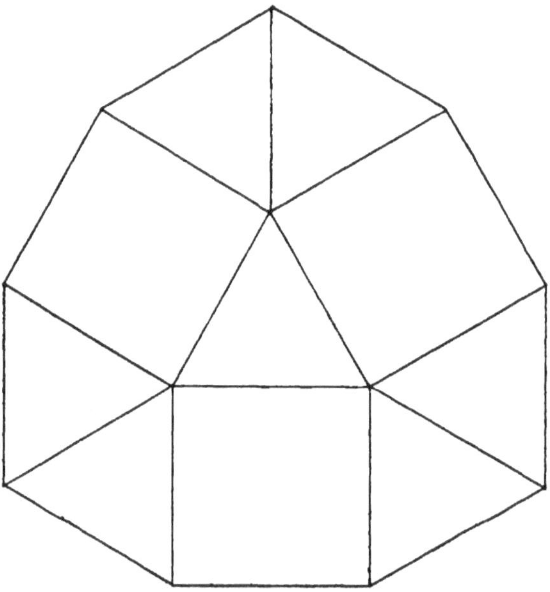

Figur 4.

3. Durch Ziehen von Halbkreisen soll eine Kreisfläche in n genau gleiche Teile geteilt werden, die auch sämtlich mit dem Kreise genau gleichen Umfang haben. Um diese Aufgabe zu lösen, hat man einen Durchmesser AB in n gleiche Teile zu teilen, und über den Teilen in folgender Weise Halbkreise zu zeichnen. Der erste Halbkreis geht über dem von A aus ersten Teile nach oben, der zweite über der Summe der beiden von A aus ersten Teile nach oben, der dritte über der Summe der drei von A aus ersten Teile nach oben u. s. w. So entstehen n — 1 Halbkreise nach oben. Dann zeichne man über dem von B aus ersten Teile einen Halbkreis nach unten, dann über der Summe der beiden von B aus ersten Teile einen Halbkreis nach unten, und so fahre man wieder fort, bis man n — 1

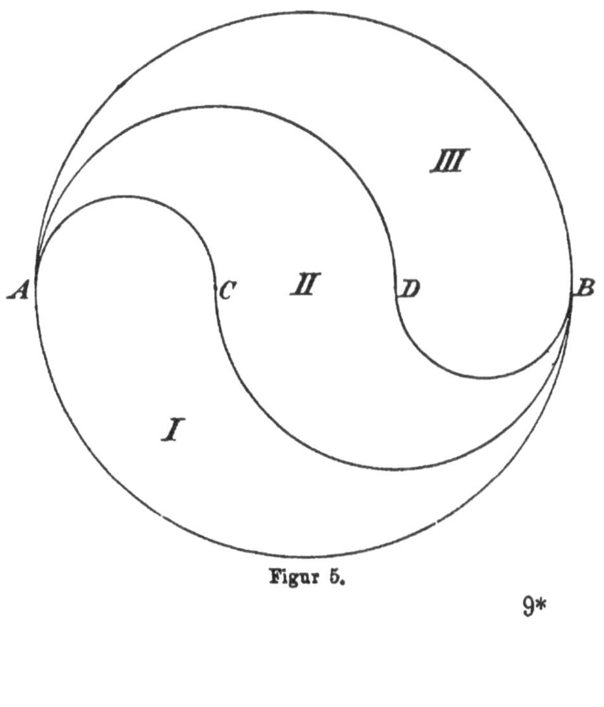

Figur 5.

Halbkreise nach unten erhalten hat. Für $n = 3$ sieht die entstehende Figur so aus, wie Fig. 5.

Um zunächst zu zeigen, dass die Teile gleichen Umfang haben, hat man zu beachten, dass der Halbkreis über einer Strecke $\frac{\pi}{2}$ mal so gross ist als diese Strecke, wo π eine bestimmte Zahl ist, die nahezu gleich $\frac{22}{7}$ ist. (Vgl. Quadratur des Kreises, § 7.) Demnach hat Teil I den Umfang:

$$AB \cdot \frac{\pi}{2} + AC \cdot \frac{\pi}{2} + BC \cdot \frac{\pi}{2},$$

d. h. $\frac{\pi}{2}$ mal soviel als $2\,AB$, oder $AB \cdot \pi$. Für den Umfang des Teils II erhält man:

$$AD \cdot \frac{\pi}{2} + DB \cdot \frac{\pi}{2} + BC \cdot \frac{\pi}{2} + AC \cdot \frac{\pi}{2},$$

oder auch $\frac{\pi}{2}$ mal $2\,AB$, d. h. $AB \cdot \pi$. Für den Umfang des dritten Teils erhält man:

$$AB \cdot \frac{\pi}{2} + BD \cdot \frac{\pi}{2} + DA \cdot \frac{\pi}{2},$$

d. h. wiederum $\frac{\pi}{2}$ mal $2\,AB$ oder $AB \cdot \pi$.

Um den Inhalt jedes der Teile zu berechnen, hat man zu benutzen, dass der Inhalt des Halbkreises über einer Strecke $\frac{\pi}{8}$ mal so gross ist, wie das Quadrat über dieser Strecke. Deshalb erhält man für den Inhalt von I:

$$\frac{\pi}{8}[AB^2 - BC^2 + AC^2]$$

$$= \frac{\pi}{8}[AB^2 + (AC + BC)(AC - BC)]$$

$$= \frac{\pi}{8}[AB^2 - AB \,.\, AC] = \frac{\pi}{8} AB (AB - AC)$$

$$= \frac{\pi}{8} AB \,.\, \frac{2}{3} AB = \frac{\pi}{12} AB^2.$$

Ebenso erhält man für den Inhalt von II:

$$\frac{\pi}{8}[AD^2 + BC^2 - BD^2 - AC^2]$$

$$= \frac{\pi}{8}\left[\frac{4}{9} AB^2 + \frac{4}{9} AB^2 - \frac{1}{9} AB^2 - \frac{1}{9} AB^2\right]$$

$$= \frac{\pi}{8} \cdot \frac{6}{9} AB^2 = \frac{\pi}{12} AB^2.$$

Ebenso ergiebt sich $\frac{\pi}{12} AB^2$ für den Teil III. Dass die Summe der drei Teile gleich $\frac{\pi}{4} AB^2 = \left(\frac{AB}{2}\right)^2 . \pi$ ist, liefert eine Bestätigung.

Genau so kann gezeigt werden, dass die Teile auch für jeden andern Wert von n denselben Umfang und denselben Inhalt haben. Wir fügen noch die Fig. 6 hinzu, welche den Fall n = 5 zeigt.

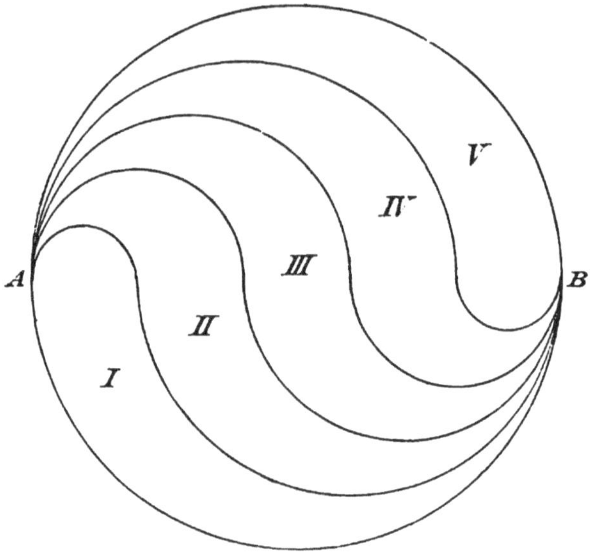

Figur 6.

§ 3.

Gruppierung von Punkten, sodass immer drei von ihnen in gerader Linie liegen

Bei dem allgemein bekannten Mühlespiel hat derjenige von zwei Spielern eine Mühle gesetzt, dem es gelingt, einen Stein so zu setzen, dass er mit zwei andern schon von ihm gesetzten Steinen in gerader Linie liegt. Bei einfacherer Gestalt des Mühlenbretts ist dieses Spiel schon den alten Römern bekannt gewesen, wie Becq de Fouquières in seinem Werke „Les jeux des anciens“, 2. Auflage (Paris 1873, Kapitel 18) nachweist. Das römische Mühlenbrett bestand nämlich einfach aus neun quadratisch geordneten Punkten, hatte also folgende Gestalt:

Hier finden sich neun Punkte so geordnet, dass in acht geraden Linien immer je drei stehen. Hieran schliesst sich die Frage, welches wohl die Maximalzahl der immer je drei von neun beliebig gruppierten Punkten enthaltenden geraden Linien sei. Wie wir unten sehen werden, ist diese Maximalzahl nicht acht, sondern zehn, falls es gestattet ist, die 9 Punkte ganz beliebig zu gruppieren, aber die Bedingung festgehalten wird, dass jede der geraden Linie genau drei und nicht mehr von den Punkten enthalten soll. Natürlich ist dann auch die Ausdehnung des Problems von neun Punkten auf n Punkte sehr naheliegend. Auch Ball streift in seinen „Mathematical Récréations“ das auf n Punkte verallgemeinerte Problem in der Fassung, dass n Bäume so gepflanzt werden sollen, dass möglichst oft drei in gerader Linie zu einander stehen. Für die mathematisch gebildeten Leser sei hier erwähnt, dass die Geometrie der Kurven dritter Ordnung eine Methode lehrt, um n Punkte so anzuordnen, dass immer je drei von ihnen eine gerade Linie bilden, und dass dabei soviel gerade Linien entstehen, wie die ganze Zahl angiebt, die in:

$$\frac{1}{8}(n-1)^2$$

steckt. Schon Ball hebt hervor, dass diese Methode für $n = 9$ nicht die Maximalzahl der geraden Linie ergiebt.

Um dies zu erkennen, und das Problem bis $n = 12$ zu lösen, beginnen wir mit den denkbar kleinsten Werten von n. Ist $n = 3$, so ist die Lösung trivial und für $n = 4$ unmöglich.

Für $n = 5$ erhalten wir zwei Strahlen, nämlich:

Für n = 6 ergiebt sich die Maximalzahl 4 der Strahlen dadurch, dass man die 4 Ecken eines Vierecks und die beiden Schnittpunkte der Gegenseiten als die 6 gruppierten Punkte auffasst, wie Fig. 1 zeigt:

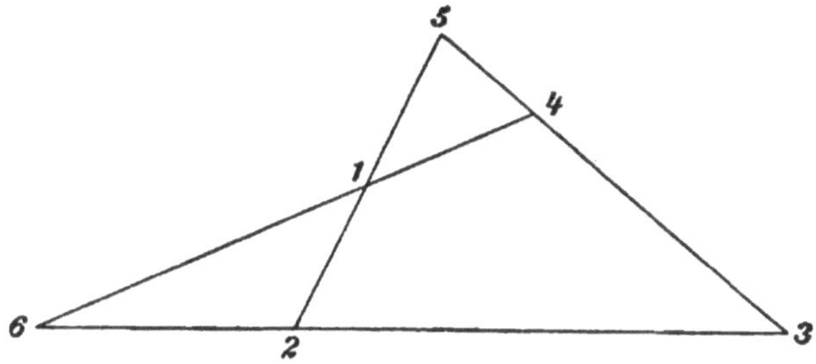

Figur 1.

Um für n = 7 die Maximalzahl 6 der Strahlen zu erhalten, gehen wir von einem Dreieck ABC aus und von einem beliebig gelegenen Punkte P, den wir mit den Ecken verbinden, um die Schnittpunkte D, E, F auf den Seiten des Dreiecks zu erhalten. So erhalten wir eine Gruppierung wie in Fig. 2:

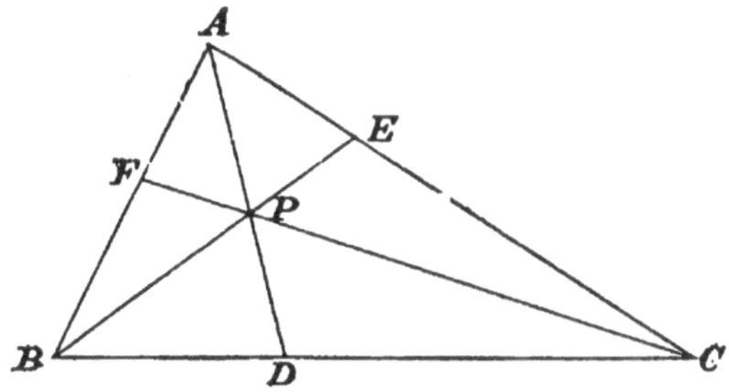

Figur 2.

Dieselbe Gruppierung erhalten wir auch, wenn wir zu der für n = 6 gültigen Figur den Schnittpunkt der

Verbindungslinie von 1 mit 3 und der Verbindungslinie von 5 mit 6 hinzufügen.

Wenn man streng an der Bedingung festhält, dass nur drei, und nicht etwa vier, von den gegebenen Punkten die geraden Linien bilden sollen, so giebt es bei acht Punkten höchstens sieben gerade Linien, von denen jede drei von den acht Punkten enthält. Die auf diesen Fall bezügliche Figur finden wir, wenn wir bei der obigen auf $n = 7$ bezüglichen Figur einen Punkt hinzufügen, der auf einer der Verbindungslinien DE, EF, FD liegt, ohne dass er dabei in die Richtung einer schon vorhandenen geraden Linie fällt.

Für $n = 9$ ergeben sich höchstens 10 gerade Linien, deren jede drei von den neun Punkten enthält. Man erhält die auf diesen Fall bezügliche Figur vermittelst eines geometrischen Satzes, der in der neueren Geometrie bewiesen wird und als Spezialfall des Pascalschen Lehrsatzes aufgefasst werden kann. Dieser Satz lautet: „Wenn man auf jeder von zwei geraden Linien drei Punkte A, B, C, bezw. A′, B′, C′ annimmt und dann die Verbindungslinien BC′ und CB′ zum Schnitt in D bringt, ebenso die Verbindungslinien AC′ und CA′ zum Schnitt in E, endlich die Verbindungslinien AB′ und BA′ zum Schnitt in F, so erhält man drei Schnittpunkte D, E, F, die in gerader Linie liegen.“ Richtet man es nun so ein, dass E auf die Verbindungslinie von BB′ fällt, so erhält man die gesuchte Fig. 3. Man geht also am einfachsten von zwei beliebig gelegenen Strecken AC und A′C′ aus, bestimmt Punkt E als Schnitt von AC′ und A′C, zieht durch E eine beliebige gerade Linie, die AC in B, A′C′ in B′ trifft und sucht dann den Schnittpunkt von BC′ mit B′C, sowie den von AB′ mit A′B.

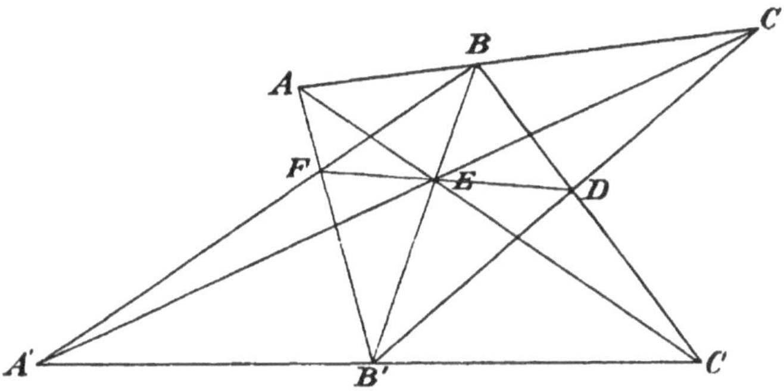

Figur 3.

Auf die Konstruktion für n = 9, die 10 gerade Linien ergab, kann man eine Konstruktion für n = 10 gründen, die 12 gerade Linien ergiebt. Man braucht nämlich nur noch den Schnittpunkt P von A′A und C′C aufzusuchen. Dann fügt man dadurch nur einen Punkt, nämlich P, aber zwei gerade Linien PAA′ und PCC′ hinzu. So kann man weiter gehen und immer einen Punkt und zwei gerade Linien hinzufügen, indem man immer zwei mal zwei noch nicht verbundene Punkte verbindet und die beiden erhaltenen Verbindungslinien zum Schnitt bringt. Es gelingt dieses Mittel aber nur dann, wenn der so erhaltene Schnittpunkt nicht auf eine schon vorhandene Linie fällt. So erhält man aus der Figur für n = 9 die Figur für n = 12 (Fig. 4).

Hinzugefügt sind nämlich erstens der Punkt P als Schnitt von AA′ und CC′, der Punkt Q als Schnitt von AD und CF, endlich der Punkt R als Schnitt von A′D mit C′F. Da nach geometrischen Sätzen nun

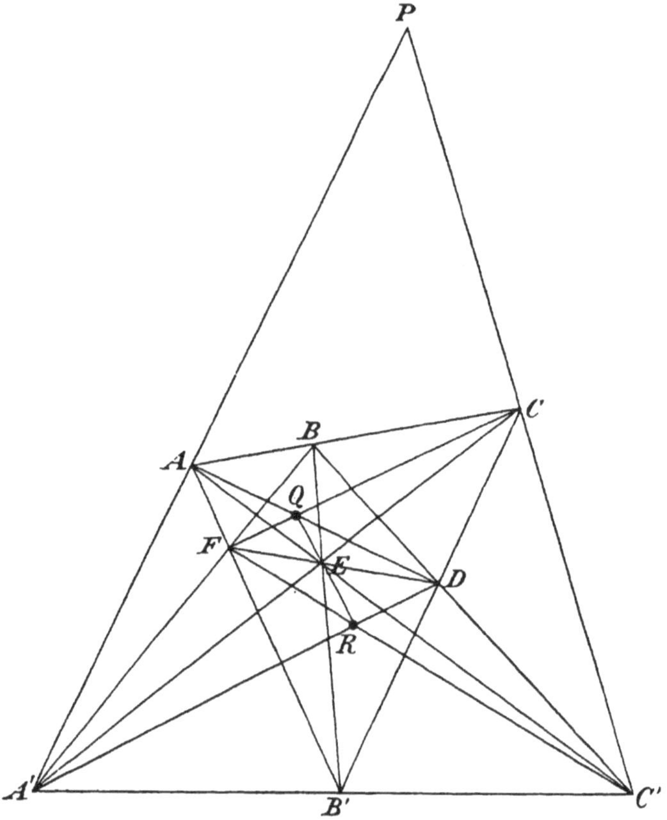

Figur 4.

auch Q, E, R in gerader Linie liegen müssen, so sind die 12 Punkte im ganzen durch nicht weniger als 17 gerade Linien so verbunden, dass immer jede gerade Linie drei von den 12 Punkten enthält. Diese 17 Linien sind nämlich:

1) ABC, 2) A'B'C', 3) AEC', 4) A'EC,
5) BEB', 6) AFB', 7) A'FB, 8) CDB',

9) C'DB, 10) FED, 11) PAA', 12) PCC',
13) AQD, 14) CQF, 15) A'RD, 16) C'RF,
17) QER.

Mit den oben behandelten Punktgruppierungen stehen in engem Zusammenhang die sogenannten Konfigurationen. Konfiguration nennt man in der ebenen Geometrie eine Gruppe von Punkten und geraden Linien dann, wenn auf jeder geraden Linie gleichviel Punkte liegen, und wenn auch von jedem Punkte gleichviel gerade Linien ausgehen. Bei den obigen Punktgruppierungen ist die erste Bedingung immer erfüllt, die zweite aber meist nicht. So enthält die letzte auf $n = 12$ bezügliche Figur 7 Punkte, die jeder 5 Strahlen aussenden, nämlich A, C, A', C', D, E, F, ferner 2 Punkte, die jeder 4 Strahlen aussenden, nämlich B und B', 2 Punkte, die jeder 3 Strahlen aussenden, nämlich Q und R, endlich einen Punkt, der nur 2 Strahlen aussendet, nämlich P. Die Figur ist also keine Konfiguration, weil nicht jede gerade Linie gleichviel Punkte enthält. Von denjenigen Konfigurationen, bei denen, wie in den obigen Figuren, jede gerade Linie drei Punkte enthält, sind am einfachsten diejenigen zu gewinnen, welche aus m Punkten entstehen, die beliebig im Raume liegen und immer zu je dreien durch Ebenen verbunden sind. Diese Ebenen schneiden die Ebene der Zeichnung in den geraden Linien der Konfiguration, während die Punkte derselben als die Schnittpunkte der Verbindungslinien je zweier von den m Punkten erhalten werden. Mit Hilfe der in Bd. II, Abschn. II behandelten Kombinationszahlen kann man die Zahl der Punkte und die Zahl der Strahlen einer derartigen

Konfiguration durch m ausdrücken. Für die Zahl der Punkte erhält man nämlich:

$$\frac{1}{2} m (m - 1)$$

und für die Zahl der Strahlen:

$$\frac{1}{6} m (m - 1) (m - 2).$$

Für $m = 3$ erhält man eine gerade Linie mit drei Punkten darauf, für $m = 4$ erhält man ein Viereck mit den beiden Schnittpunkten der Gegenseiten. Für $m = 5$ erhält man eine sehr interessante Konfiguration, die sich aus zehn Strahlen und zehn Punkten so zusammensetzt, dass immer jeder Strahl drei Punkte enthält und auch jeder Punkt drei Strahlen aussendet. Denkt man sich die fünf im Raume liegenden Punkte mit den Zahlen 1, 2, 3, 4, 5 bezeichnet, dann alle möglichen zehn Verbindungsgeraden je zweier Punkte gezogen, sowie alle möglichen zehn Verbindungsebenen je dreier Punkte gelegt und endlich die erhaltenen Geraden und Ebenen mit der Ebene der Zeichnung zum Schnitt gebracht, so erhält man auf dieser zehn Punkte, die man passenderweise mit

12, 13, 14, 15, 23, 24, 25, 34, 35, 45

bezeichnet, je nachdem sie von der Verbindung der Punkte 1 und 2, der Punkte 1 und 3 u. s. w. herrühren. Genau so wird man jeden der zehn entstehenden Strahlen durch drei nebeneinander gesetzte Zahlen bezeichnen, nämlich mit 123, wenn der Strahl der Schnittstrahl der Zeichenebene mit der Ebene ist, die

die Punkte 1, 2, 3 verbindet u. s. w. Um die auf solche Weise entstehende Konfiguration zu zeichnen, kann man von einem Punkte, etwa dem Punkte 12 ausgehen, und von ihm aus willkürlich die drei Strahlen 123. 124, 125 ziehen, dann noch auf 123 die Punkte 13 und 23, auf 124 die Punkte 14 und 24, sowie auf 125 die Punkte 15 und 25 willkürlich annehmen. Dann ist die Konfiguration vollständig bestimmt, da Punkt 34 der Schnitt der Verbindungsgeraden der Punkte 13 und 14 mit der Verbindungsgeraden von 23 und 24 ist, und ebenso der Punkt 35 aus 13, 15 und 23, 25, der Punkt 45 aus 14, 15 und 24, 25 entsteht. Von den zuletzt erhaltenen drei Punkten 34, 35, 45 erkennt man dann, dass sie auch in gerader Linie liegen. Auf diese Weise ist die Fig. 5 gezeichnet:

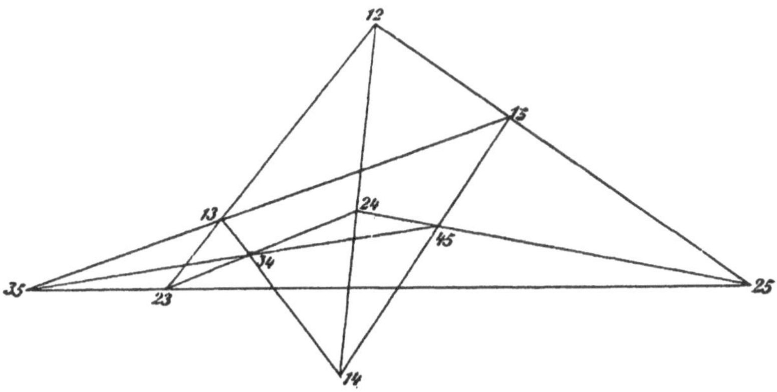

Figur 5.

Der Verfasser hat gezeigt, dass man mit Hilfe der Kombinationszahlen immer auf solche Weise zu richtigen Konfigurationen geführt wird. Kombiniert man z. B. die

Zahlen 1, 2, 3, 4, 5, 6 zu je dreien und zu je vieren. so gelangt man zu einer Konfiguration, die aus 20 Punkten und 15 Strahlen so zusammengesetzt ist, dass immer 4 Punkte auf jedem Strahle liegen und 3 Strahlen von jedem Punkte ausgehen. Heisst ein Strahl a b c d, so enthält er die Punkte a b c, a b d, a c d, b c d. Heisst ein Punkt a b c, so sendet er die Strahlen a b c d, a b c e, a b c f aus, wo dann d, e, f diejenigen drei von den sechs Zahlen 1, 2, 3, 4, 5, 6 sind, die nicht in a b c vorkommen.

§ 4.

Der goldene Schnitt.

Unter goldenem Schnitt versteht man, nach dem Vorbild der alten Griechen, die Konstruktion des Punktes, welcher eine gegebene Strecke AB so teilt, dass der kleinere Abschnitt BX sich zum grösseren AX verhält, wie eben dieser grössere Abschnitt AX zur ganzen Strecke AB. Ungefähr teilt der Punkt X dann die Strecke AB im Verhältnis 3 zu 5, da das Verhältnis 3 zu 5 ungefähr gleich dem Verhältnis 5 zu 8 ist. Der gesuchte Teilungspunkt lässt sich jedoch nicht bloss ungefähr, sondern mathematisch genau finden, und zwar durch folgende Konstruktion. Man errichte auf der gegebenen Strecke AB in B das Lot, mache dasselbe halb so lang wie AB, verbinde den erhaltenen Endpunkt C des Lotes mit A, trage von C aus auf CA die Strecke CB ab bis D. Dann ist AD gleich dem grösseren Abschnitt der nach dem goldenen Schnitt geteilten Strecke AB. Man hat also nur noch AD von A aus auf AB abzutragen, um X zu erhalten. Diese Konstruktion zeigt die Fig. 1.

Die Teilung nach dem goldenen Schnitt nennt man auch stetige Teilung, weil die den goldenen Schnitt darstellende Proportion

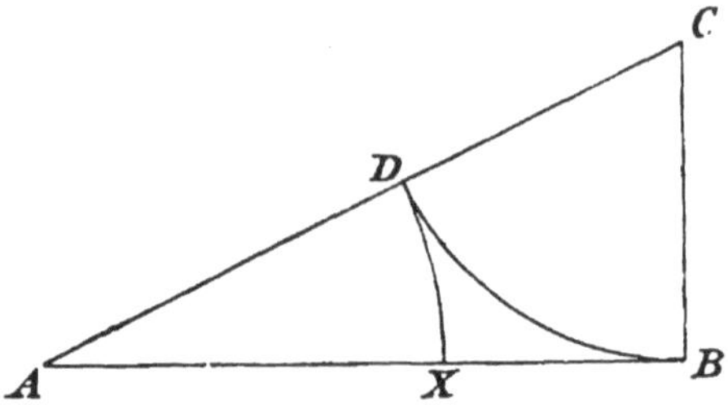

Figur 1.

$$BX : AX = AX : AB$$

eine stetige ist, da in ihr die beiden mittleren Glieder gleich sind.

In der Geometrie kommt die stetige Teilung namentlich bei den Problemen zur Anwendung, welche verlangen, eine Kreisperipherie in gleiche Teile zu teilen. Mit Leichtigkeit kann man nämlich die Kreisperipherie in 2, 4, 8, 16 u. s. w. gleiche Teile teilen. Man hat zu diesem Zwecke nur einen Durchmesser zu ziehen, die erhaltenen gestreckten Zentriwinkel zu halbieren, die erhaltenen rechten Winkel zu halbieren, die erhaltenen acht Winkel von 45° wieder zu halbieren, u. s. f. Ebenso gelingt es leicht, die Kreisperipherie in sechs gleiche Teile zu teilen, weil die Sehne, die zum 6. Teil von 360 Grad gehört, gleich dem Radius ist. Auf die Sechsteilung lässt sich natürlich auch die Teilung des Kreises in drei, in zwölf, in vierundzwanzig u. s. w. gleiche Teile zurückführen. Um aber den Kreis in zehn, fünf, zwanzig u. s. w. gleiche Teile zu teilen, hat man die Konstruktion des goldenen Schnitts nötig, weil, wie schon die alten griechischen Geometer erkannt haben, die Sehne, die zu einem Zehntel der Kreisperipherie gehört, gleich dem grösseren Abschnitt des stetig geteilten Radius ist. Um also einem Kreise ein reguläres Zehneck einzubeschreiben, hat man den Radius stetig zu teilen und den grösseren der beiden erhaltenen Abschnitte zehnmal nacheinander als Sehne einzutragen, wie die Fig. 2 zeigt:

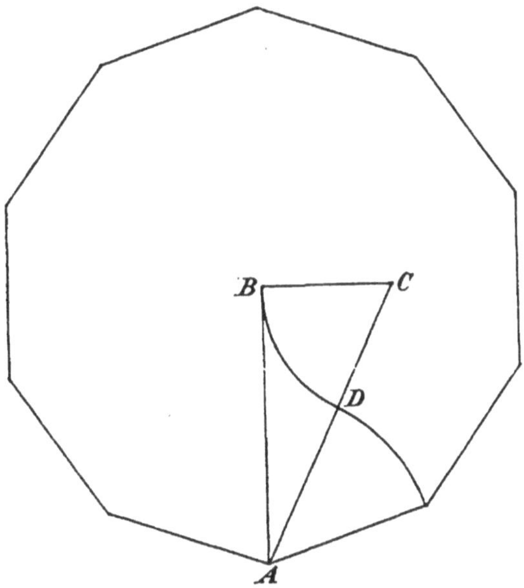

Figur 2.

Fasst man von den erhaltenen zehn gleichen Teilen der Peripherie immer je zwei aufeinanderfolgende zusammen, so erhält man die Einteilung in fünf gleiche Teile, oder was auf dasselbe hinauskommt, ein dem vorliegenden Kreise einbeschriebenes reguläres Fünfeck. Die Gesamtheit der Diagonalen eines solchen regulären Fünfecks nennt man ein Pentagramm oder einen Drudenfuss. Beide Ausdrücke sind aus Goethes „Faust" bekannt, wo Mephisto spricht:

„Dass ich hinausspaziere,
Verbietet mir ein kleines Hindernis,
Der Drudenfuss auf eurer Schwelle —".

worauf Faust antwortet:

„Das Pentagramma macht dir Pein?"

Ein solches Pentagramm zeigt die Fig. 3:

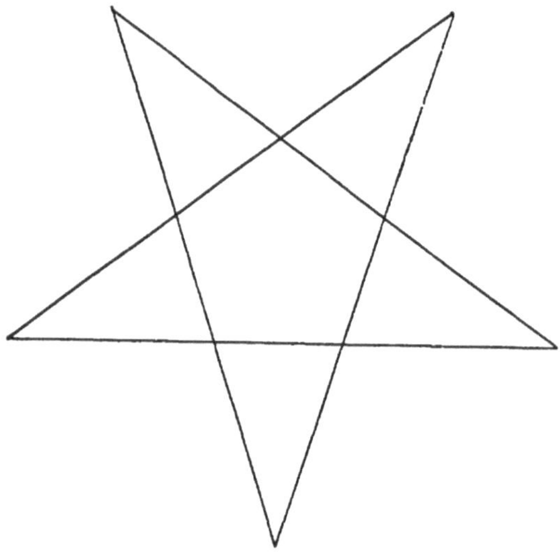

Figur 3.

Das Pentagramm hat die merkwürdige Eigenschaft, dass jede Strecke desselben von jeder der beiden Strecken, die sie schneiden, nach dem goldenen Schnitt geteilt wird, und dass innerhalb ein reguläres Fünfeck entsteht. Man kann deshalb ein Pentagramm auch dadurch erhalten, dass man alle Seiten eines regulären Fünfecks soweit verlängert, bis sie sich schneiden. In früheren Jahrhunderten galt das Pentagramm als etwas Zauberhaftes und wurde das Wahrzeichen derjenigen Schwarzkünstler, welche sich bemühten, aus unedlem Metall Gold herzustellen. Deshalb liess auch Goethe seinen Faust an dessen Thürschwelle ein solches Pentagramm haben.

Mit Hilfe des goldenen Schnitts kann man sich ein neues Zusammensetzspiel herstellen. Man schneide sich in genügender Anzahl, etwa aus Holz oder Pappe, zwei Sorten von gleichschenkligen Dreiecken, von denen die eine Sorte eine bestimmte Strecke als Schenkel, die andere Sorte als Basis hat, während die Basis der ersten Sorte und der Schenkel der zweiten Sorte so gross sind, wie der grössere Abschnitt, den man erhält, wenn man die Strecke stetig teilt. Mit Hilfe dieser beiden Arten von gleichschenkligen Dreiecken kann man Fünfecke, Zehnecke, Pentagramme und noch mancherlei andere Figuren zusammensetzen. Wenn immer a ein Dreieck von der ersten Art, b eins von der zweiten

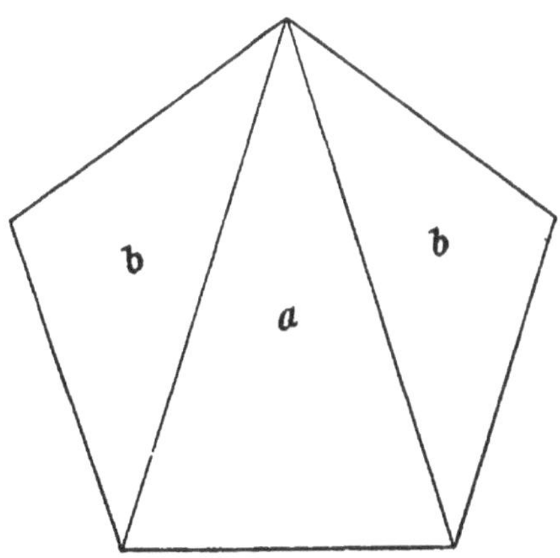

Figur 4.

Art bedeutet, so ist die Zusammensetzung eines Fünfecks aus einem Dreieck erster Art und zwei Dreiecken zweiter Art aus der Fig. 4 ersichtlich.

Ein Pentagramm lässt sich aus 6 Dreiecken der ersten Art und zwei Dreiecken der zweiten Art zusammensetzen, wie Fig. 5 zeigt:

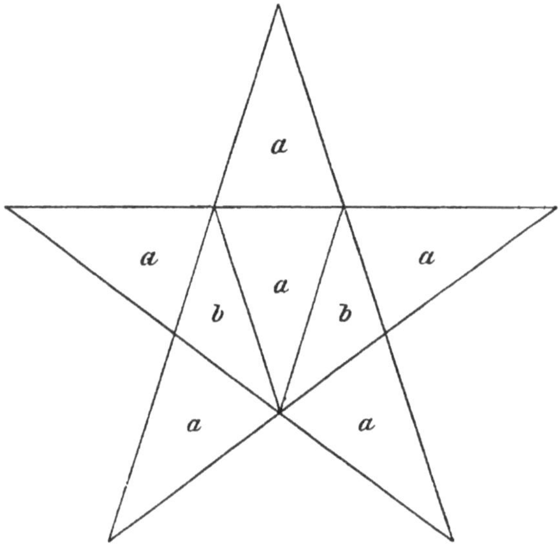

Figur 5.

Für das Verhältnis des goldenen Schnitts, d. h. das Verhältnis des kleineren Abschnitts einer stetig geteilten Strecke zum grösseren Abschnitt oder, was dasselbe ist, des grösseren Abschnitts zur ganzen Strecke lässt sich in folgender Weise eine Reihe von Brüchen bilden, sodass diese Brüche abwechselnd grösser und kleiner sind, als der wahre Wert des Verhältnisses des goldenen Schnitts, dabei aber die Unterschiede vom wahren Werte von Bruch zu Bruch kleiner werden.

Man fange mit $\frac{1}{2}$ an, und mache dann immer den Nenner zum Zähler des nächsten Bruchs, die Summe von Zähler und Nenner aber zum Nenner des nächsten Bruchs. Also lautet die Reihe der Näherungsbrüche:

$$\frac{1}{2}, \frac{2}{3}, \frac{3}{5}, \frac{5}{8}, \frac{8}{13}, \frac{13}{21}, \frac{21}{34}, \frac{34}{55}, \frac{55}{89}, \ldots$$

Nach dem Botaniker Alexander Braun sollen die Anheftungsstellen der Blätter an dem Stiele einer Pflanze mit dieser Bruchreihe zusammenhängen, indem immer der Bogen von der Anheftungsstelle eines Blattes bis zu der nach unten projizierten Anheftungsstelle des nächst höheren Blattes soviel von der ganzen Peripherie des Stiels beträgt, wie einer der Brüche dieser Reihe angiebt.

Ausser den Botanikern haben auch die Ästhetiker den goldenen Schnitt herangezogen, indem sie z. B. behaupten, dass nur solche rechteckigen Bilderrahmen auf das Auge einen wohlthuenden Eindruck machen, bei welchen die Längen der beiden Rechtecksseiten das Verhältnis des goldenen Schnitts haben. Ja, man hat sogar behauptet, dass dieses Verhältnis auch am menschlichen Körper vorwiegend ist, indem z. B. die drei Teile, in welche der menschliche Finger durch seine beiden Gelenke zerlegt wird, das Verhältnis des goldenen Schnitts zeigen. Wenn nämlich A die Wurzel des Fingers, B das erste Gelenk, C das zweite Gelenk, D die Spitze des Fingers bedeuten, so soll AC durch B, BD durch C, sowie auch AD durch B stetig geteilt werden, indem dabei beziehungsweise AB, BC, BD grössere Abschnitte der stetigen Teilung werden. Uber den goldenen Schnitt in der Natur und in der Kunst hat der Leipziger Ästhetiker Zeising ein besonderes Werk geschrieben, das den Titel führt: „Neue Lehre von den Proportionen des menschlichen Körpers aus einem bisher unbekannt gebliebenen, die ganze Natur und Kunst durchdringenden morphologischen Grundgesetze" (Leipzig, 1854). Mit Recht werden die Ansichten Zeisings als viel zu weitgehend angesehen.

§ 5.

Teilung des Kreises; regelmässige Sternfiguren.

In § 4 ist die Teilung des Kreises in 2, 4, 8, 16, . . . gleiche Teile, sowie in 3, 6, 12, 24, . . . und in 5, 10, 20, . . . gleiche Teile besprochen. Auch für andere Werte von n, z. B. n = 17, ist das Problem, eine Kreisperipherie in n gleiche Teile zu teilen, mit Zirkel und Lineal ausführbar. Mathematisch genau ist es aber unmöglich, dieses Problem mit alleiniger Anwendung von Zirkel und Lineal zu lösen, falls n gleich einer der Zahlen:

$$7, 9, 11, 13, 14, 18, 19, \ldots$$

ist. In diesen Fällen kann man aber, wenn auch nicht mathematisch genau, so doch mit einer für die Praxis ausreichenden Annäherung, das Problem lösen, ohne andere als die beiden genannten Hilfsmittel zu benutzen. Für n = 7 besteht die einfachste näherungsweise Lösung darin, die halbe Seite des einem Kreise einbeschriebenen regulären Dreiecks als die Sehne zu nehmen, welche zu $\frac{1}{7}$ der Kreisperipherie gehört. Auch giebt es Näherungs-

Konstruktionen, welche für jedes beliebige n gültig sind. Unter diesen ist die eleganteste die vom Prinzen Bernhard von Weimar vorgeschlagene Konstruktion. Dieselbe lautet folgendermassen: Man teile einen Durchmesser AB in n gleiche Teile, verlängere ihn über A hinaus und den zu AB senkrechten Radius OC über C hinaus um einen dieser Teile. Die erhaltenen Endpunkte D und E verbinde man miteinander, die Verbindungslinie schneidet die Peripherie in zwei Punkten F und G, von denen F dem Punkte A benachbart sein möge. Die Verbindungsstrecke von F mit dem von A aus dritten Teilpunkte H des Durchmessers ist näherungsweise die Sehne, die zu $\frac{1}{n}$ der Peripherie

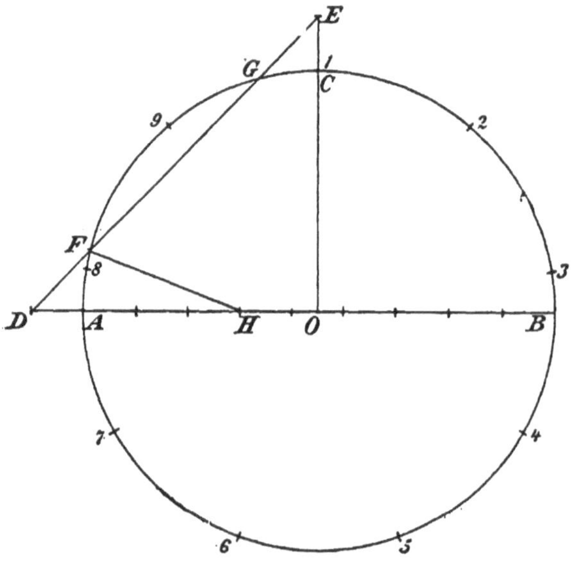

Figur 1.

gehört. In der Fig. 1 ist diese Konstruktion für $n = 9$ ausgeführt.

In der Praxis wird man oft unter Verzicht auf jedwede Konstruktion durch Probieren die n Punkte aufsuchen, welche eine Kreisperipherie in n gleiche Teile teilen.

Wenn man die n Punkte, welche den Kreis in n gleiche Teile teilen, der Reihe nach miteinander verbindet, so erhält man ein dem Kreise einbeschriebenes reguläres n-Eck. Zieht man in den Teilpunkten, der Reihe nach, die Tangenten, so erhält man ein dem Kreise umbeschriebenes reguläres n-Eck. Man kann aber auch die Teilpunkte nicht der Reihe nach, sondern so verbinden, dass jeder Sehne ein Bogen zu-

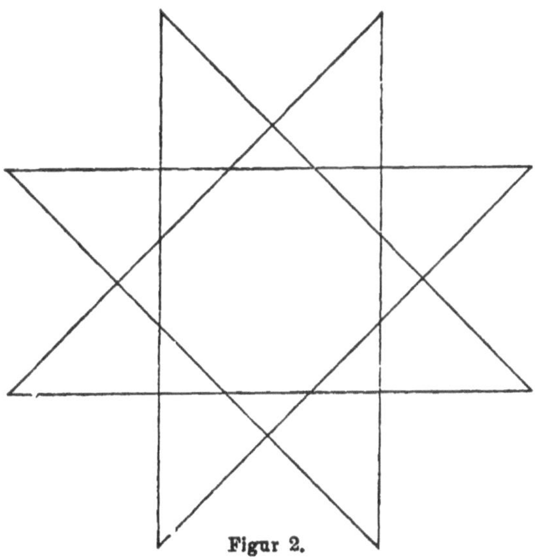

Figur 2.

gehört, der $\frac{p}{n}$ der Peripherie ist. Dann erhält man einen regelmässigen n-eckigen Stern p-ter Art. So ist z. B. das in § 4 besprochene Pentagramm ein fünfeckiger Stern zweiter Art. Fig. 2 zeigt einen achteckigen Stern dritter Art.

Ein n-eckiger Stern p-ter Art zerfällt in m sich durchdringende Sterne, wenn der Bruch $\frac{p}{n}$ sich durch m heben lässt. Jeder dieser m Sterne ist dann (n:m)-eckig und von der (p : m)-ten Art. Den Fall $n = 10$, $p = 4$, also $m = 2$ zeigt Fig. 3:

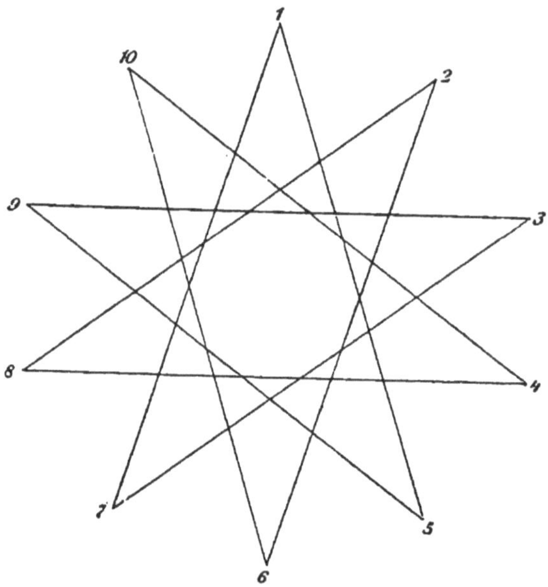

Figur 3.

Hier sind also zwei Pentagramme entstanden, die sich gegenseitig durchdringen. Wenn es keine Zahl über 1 giebt, durch die sich $\frac{p}{n}$ heben lässt, so ist der n-eckige Stern p-ter Art in sich zurücklaufend, d. h. der Weg, den man beim Durchlaufen aller Sehnen der Reihe nach beschreibt, führt auf den Ausgangspunkt zurück. Solcher Sterne giebt es z. B. für $n = 10$ nur einen, nämlich für $p = 3$, wenn man das reguläre Zehneck selbst nicht mit als Stern erster Art auffassen

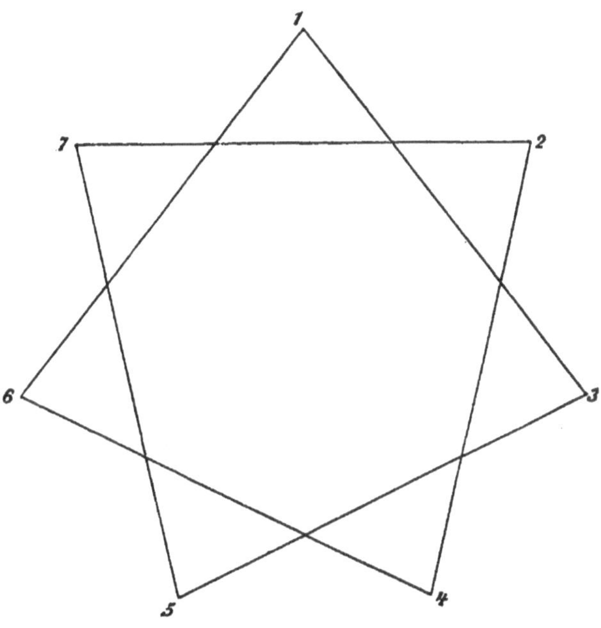

Figur 4.

will. Für $n = 7$ erhält man zwei in sich zurücklaufende eigentliche Sterne, nämlich für $p = 2$ und $p = 3$ oder, was ganz dasselbe ist, $p = 5$ und $p = 4$.

Diese beiden siebeneckigen Sterne werden durch die Fig. 4 und 5 dargestellt:

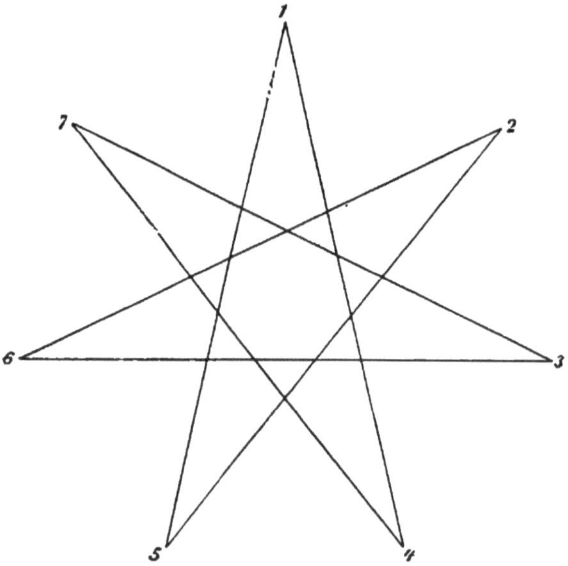

Figur 5.

§ 6.

Geometrische Trugschlüsse.

Man kann die Sätze über die Kongruenz von Dreiecken zusammenfassen in den einen Satz, dass zwei Dreiecke kongruent sind, wenn sie in drei gleichliegenden Stücken übereinstimmen, wo unter „Stücke" Seiten oder Winkel zu verstehen sind. Eine Ausnahme macht jedoch der Fall, dass die Dreiecke in zwei Seiten und dem Winkel übereinstimmen, der der kleineren gegenüberliegt. Beachtet man diese Ausnahme nicht, so kann man zu Trugschlüssen gelangen. Mit Hilfe eines solchen Trugschlusses kann man z. B. beweisen, dass jeder auf einer Strecke liegende Punkt dieselbe halbiert. Wenn man nämlich über der Strecke BC als Basis ein gleichschenkliges Dreieck ABC errichtet, und einen auf BC beliebig gewählten Punkt D mit der Spitze A verbindet, so stimmen die beiden Dreiecke ADB und ADC in drei Stücken überein, nämlich:

1. AB = AC
2. AD = AD
3. ∢ ABD = ∢ ACD.

Schliesst man nun aus dieser Übereinstimmung auf die Kongruenz der Dreiecke, so kann man aus ihr folgern, dass auch die dritten Seiten übereinstimmen, also DB = DC sein muss (Fig. 1).

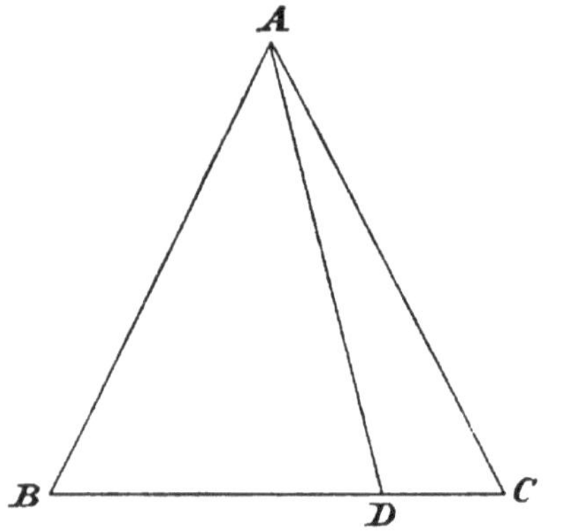

Figur 1.

Eine zweite Art von Trugschlüssen beruht darauf, dass man nicht hinreichend beachtet, ob zwei Schnittpunkte zusammenfallen oder getrennt liegen. Mit Hilfe eines solchen Trugschlusses kann man z. B. beweisen, dass in einem Dreieck die Winkelsumme mehr als 180° betragen muss. Geht man nämlich von zwei Kreisen aus, die sich in den Punkten P und Q schneiden, zieht man dann von P aus die beiden Durchmesser, welche die Kreise in A und B schneiden, und sucht man endlich die Schnittpunkte C und D der Kreise mit der Verbindungslinie von A und B auf, so erhält man ein Dreieck PCD, in welchem ∡ PCD und ∡ PDB jeder 90° betragen müssen, weil sie Peripheriewinkel über Durchmessern sind. Daher ist die Summe aller Winkel des Dreiecks PCD um den Winkel CPD grösser als 90° + 90° = 180° (Figur 2).

Der Trugschluss liegt natürlich darin, dass man die Schnittpunkte C und D von AB mit den beiden Kreisperipherien für verschiedene Punkte enthält, während sie thatsächlich beide mit dem zweiten Schnittpunkt Q zusammenfallen müssen.

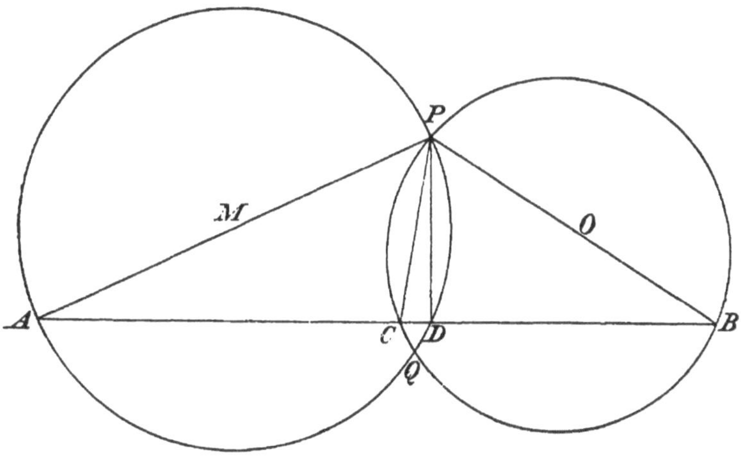

Figur 2.

Eine dritte Art von Trugschlüssen beruht darauf, dass man nicht beachtet, ob ein Schnittpunkt zweier Linien innerhalb oder ausserhalb einer Figur fällt. Mit Hilfe eines solchen Trugschlusses kann man z. B. beweisen, dass jedes nicht gleichschenklige Dreieck doch gleichschenklig sein müsse. Sei in Figur 3 ABC ein Dreieck, bei dem AB nicht gleich AC sei. Dann kann die Halbierungslinie des Winkels BAC mit dem Mittellot zu BC weder zusammenfallen noch parallel sein. Also müssen sich beide Linien in einem Punkte P schneide. Nun muss, da P auf dem Mittellot zu BC liegt,

$$PB = PC$$

sein. Fällt man nun noch die Lote PD und PE auf die Schenkel AB und AC, so erhält man, da P auf der Halbierungslinie des Winkels BAC liegt, zwei kongruente Dreiecke, nämlich PAD und PAE, woraus zweierlei folgt:

1. PD = PE; 2. AD = AE.

Da PD = PE ist, und oben schon PB = PC erkannt wurde, so sind nun auch noch die rechtwinkligen Dreiecke DPB und EPC kongruent. Aus der Kongruenz dieser Dreiecke folgt:

BD = CE.

Oben ist aber schon bewiesen, dass AD = AE ist. Durch Addition erhält man also, dass AD + BD = AE + EC oder AB = AC ist. Daraus, dass AB nicht gleich AC vorausgesetzt ist, kann man also schliessen, dass AB doch gleich AC ist.

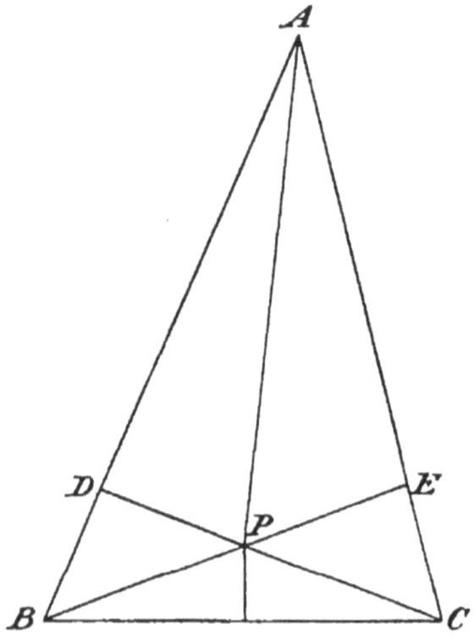

Figur 3.

Bei diesem Beispiel ist der Trugschluss nicht so leicht zu entdecken, wie bei den voraufgegangenen beiden Beispielen. Alle Kongruenzen sind durchaus richtig; dass das Mittellot zu BC die Halbierungslinie des Winkels BAC in einem Punkte schneiden muss, ist auch richtig. Nur hat man als selbstverständlich vorausgesetzt, dass dieses Schneiden innerhalb des Dreiecks erfolgen muss, während es thatsächlich ausserhalb stattfindet, nämlich im Halbierungspunkt des zwischen B und C befindlichen Bogens des Kreises, der durch die Ecken A, B, C hindurchgeht, wie Fig. 4 zeigt:

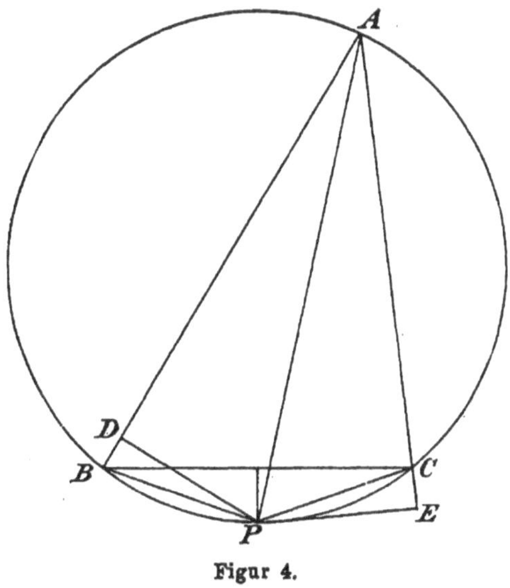

Figur 4.

Der Grund, warum der fragliche Schnittpunkt P der Halbierungspunkt des Bogens BC sein muss, liegt in dem Satze, dass zu gleichen Peripheriewinkeln gleiche Bögen gehören müssen. Es kommt nun in der That heraus, dass

$$AD = AE \text{ und } BD = CE$$

sein muss. Während man aber links durch Addition beider Gleichungen auf AB kommt, kommt man rechts durch Subtraction auf AC. Wenn man beide Gleichungen addiert, erhält man:

$$AB = AE + CE = AC + 2CE$$
$$\text{oder: } CE = \tfrac{1}{2}(AB - AC).$$

Wenn man sie subtrahiert; erhält man:

$$AD - BD = AC$$
$$\text{oder: } AB - 2BD = AC$$
$$\text{oder: } BD = \tfrac{1}{2}(AB - AC).$$

Es ergiebt sich also, dass die Strecken BD und CE beide gleich der halben Differenz der Seiten AB und AC sind.

Eine vierte Art von Trugschlüssen beruht darauf, dass man eine Linie für die Verlängerung einer andern hält, während thatsächlich beide einen Winkel bilden, der zwar nahezu 180^0 beträgt, aber nicht genau gleich 180^0 ist. Zu dieser gehört der sehr bekannte geometrische Scheinbeweis, dass $64 = 65$ ist. Man zerlege ein Quadrat von 8 mal 8 kongruenten quadratischen Feldern zunächst in zwei Rechtecke von 3 mal 8 und von 5 mal 8 Feldern, dann das Rechteck von 3 mal 8 Feldern durch eine Diagonale in zwei rechtwinklige Dreiecke, und endlich das Rechteck von 5 mal 8 Feldern in zwei kongruente Trapeze mit 5 und 3 Feldern an den beiden Grundlinien, also so, wie die Fig, 5 zeigt:

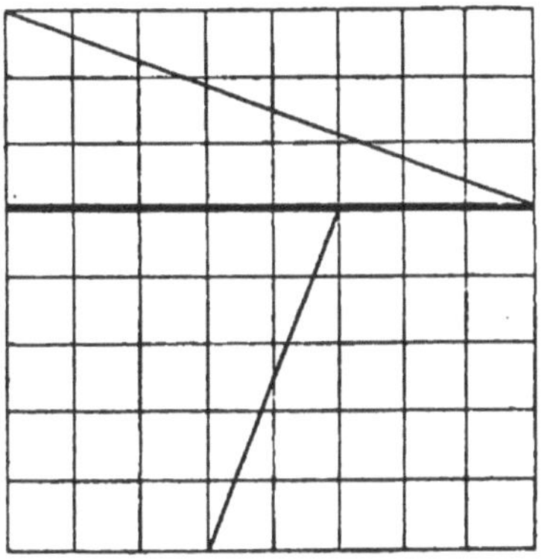

Figur 5.

Man kann nun jedes rechtwinklige Dreieck mit einem Trapeze zu einem neuen grossen rechtwinkligen Dreieck zusammensetzen, dessen Katheten 5 und $5+8$ Felderseiten enthalten. So entstehen zwei derartige grosse rechtwinklige Dreiecke, die sich zu einem Rechteck mit den Seiten 5 und 13 zusammensetzen lassen, wie Fig. 6 zeigt:

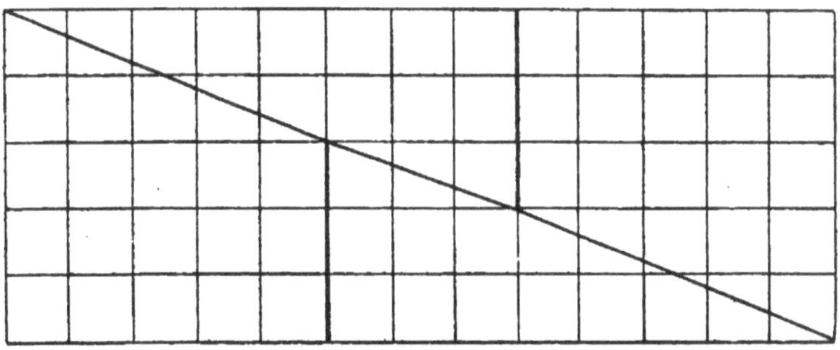

Figur 6.

Die ursprünglichen 64 Quadrate sind also hier zu 65 ebenso grossen Quadraten geworden, woraus folgt, dass $64 = 65$ ist. Die Täuschung beruht hier darauf, dass man in der zweiten Figur die zwei entgegengesetzte Ecken verbindende Linie für eine ungebrochene gerade Linie hält. Sie kann jedoch nicht ungebrochen sein, weil sonst nach dem Proportionallehrsatze

$$3:5 = 8:13$$

sein müsste, was nicht richtig ist, da $\frac{3}{5} = \frac{39}{65}$ und $\frac{8}{13} = \frac{40}{65}$ ist. Dadurch kommt es, dass die beiden entgegengesetzten Ecken mit den beiden Eckpunkten, die scheinbar auf ihrer Verbindungslinie liegen, ein Parallelogramm bilden, das sehr lang gestreckt ist, und dessen Inhalt gerade die Grösse eines quadratischen Feldes hat.

Wie soeben das Quadrat behandelt ist, das aus 8 mal 8 quadratischen Feldern besteht, so lässt sich auch jedes Quadrat behandeln, das aus n mal n solchen Feldern besteht, wenn n eine der Zahlen ist, welche die Zähler und Nenner der in § 4 besprochenen Näherungsbrüche des goldenen Schnittes bilden, also eine der Zahlen:

$$1, 2, 3, 5, 8, 13, 21, 34, 55, 89, \ldots.$$

Die beiden Zahlen, welche einer dieser Zahlen vorangehen, geben an, in welchem Verhältnis das Quadrat geteilt werden muss. Dies war bei dem aus 8 mal 8 Feldern bestehenden Quadrate das Verhältnis 3 zu 5. Bei 13 mal 13 Feldern müsste man im Verhältnis 5 zu 8 teilen, und würde auf ganz analoge Weise, wie oben $64 = 65$ bewiesen wurde, $169 = 168$ beweisen können. Dann käme 21 mal 21 gleich 13 mal 34 u. s. w. Immer zeigt sich, dass die Strecke, die der Getäuschte für eine gerade Linie hält, ein lang gestrecktes Parallelogramm ist, das den Inhalt eines quadratischen Feldes hat, und um das der Inhalt des entstandenen Rechtecks zu vermindern oder zu vermehren ist, um den Inhalt des ursprünglichen Quadrats zu ergeben.

Zu ähnlichen geometrischen Trugschlüssen kann man gelangen, wenn man von zwei beliebigen aufeinanderfolgenden Näherungswerten eines Kettenbruchs ausgeht. Wenn nämlich $\frac{a}{b}$ und $\frac{c}{d}$ aufeinanderfolgende Näherungswerte eines Kettenbruchs sind, so unterscheiden sich die Produkte a mal d und b mal c nur um eins. So sind z. B.:

$$\frac{7}{24} \text{ und } \frac{9}{31}$$

aufeinanderfolgende Näherungswerte, die zu einem Scheinbeweise dafür, dass 216 = 217 ist, Veranlassung geben können. Man geht von einem Rechteck mit 9 mal 24 quadratischen Feldern aus und zerlegt dasselbe so, wie die Fig. 6 zeigt:

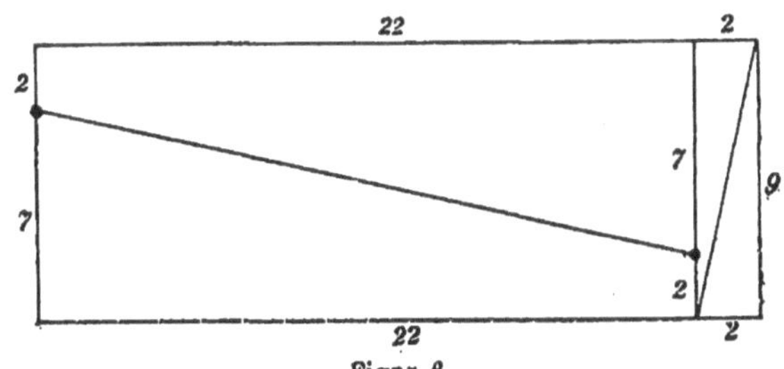

Figur 6.

Die vier Teile lassen sich dann scheinbar zu einem Rechteck zusammensetzen, wie Fig. 7 zeigt:

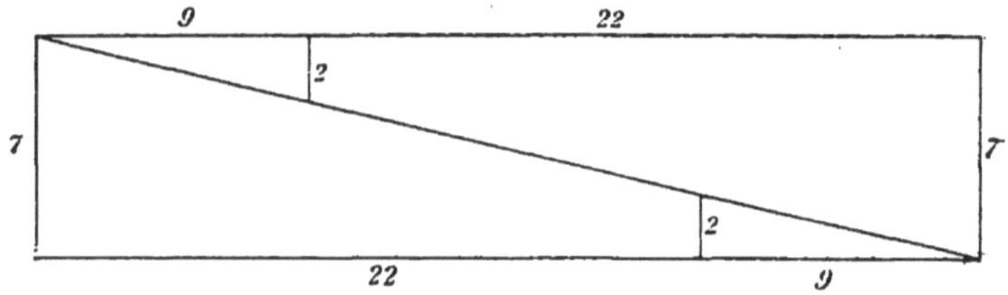

Figur 7.

So scheint es, als wenn 9 mal 24 oder 216 quadratische Felder ebensoviel Inhalt haben, wie 7 mal 31 oder 217 ebenso grosse quadratische Felder.

§ 7.

Die Quadratur des Kreises.*)

A. Interesse für das Problem.

Seit zwei ein halb Jahrtausenden haben sich berufene und unberufene Köpfe vergeblich abgemüht, das unter dem Namen der Quadratur des Zirkels bekannte Problem zu lösen. Erst 1882 gelang es, einen strengen Beweis dafür zu finden, dass es unmöglich sein muss, das Problem mit Zirkel und Lineal zu lösen. Ein Rückblick auf das Wesen und die Geschichte dieses uralten Problems ist um so eher gerechtfertigt, als die Quadratur des Zirkels, wenigstens dem Namen nach, auch ausserhalb des engen Kreises der Fachmathematiker sehr wohl bekannt ist.

Die Mémoires de l'Académie française vom Jahre 1775 enthalten auf Seite 61 den Beschluss der französischen Akademie, dass sie von da an keine ihr eingereichte sogenannte „Lösung der Quadratur des Zirkels" mehr

---

*) Ueber dieses Thema schrieb ich schon einen Aufsatz in Virchow-Holtzendorfs „gemeinverständlichen wissenschaftlichen Vorträgen" (Heft 67, 1889). Die Verlagshandlung hat mir die Aufnahme desselben in die „Math. Mussestunden" freundlichst gestattet.

prüfen wolle. Zu diesem Beschluss war die Akademie durch die überwältigende Zahl der ihr allmonatlich übersandten angeblichen Lösungen des berühmten Problems bewogen worden, Lösungen, welche zwar immer die Unwissenheit ebenso wie das Selbstbewusstsein des Verfassers bethätigten, aber sämtlich unter dem in der Mathematik schwer wiegenden Fehler litten, dass sie falsch waren. Seitdem wandern alle bei den Akademien eingereichten vermeintlichen Lösungen des Problems in den Papierkorb und bleiben ewig unbeantwortet. Doch der Quadrator sieht in einer solchen vornehmen Abweisung nur den Neid der Grossen auf seinen Geistesfund; er will und muss Anerkennung haben und wendet sich deshalb an die Öffentlichkeit. Die Zeitungen müssen ihm die Würdigung verschaffen, die ihm die wissenschaftlichen Gesellschaften versagen; und alljährlich mehr als einmal durchläuft die Zeitungen die mathematische Seeschlange, d. h. die Nachricht, ein Herr N. N. in P. P. habe endlich die Quadratur des Zirkels gelöst. Was sind nun diese Quadratoren für Leute, wenn man sie sich bei Lichte besieht? Fast immer erkennt man in ihnen halbgebildete Menschen, deren mathematische Bildung die eines heutigen Sekundaners nicht übertrifft. Sie wissen selten genau, um was es sich überhaupt bei dem Problem handelt, sie wissen aber nie die zwei ein halb Jahrtausende umfassende Geschichte des Problems, und sie haben keine Ahnung von den bedeutenden Untersuchungen und Resultaten, welche in allen Jahrhunderten bis auf unsere Zeit von anerkannt grossen wirklichen Mathematikern rücksichtlich des Problems angestellt sind. Wie gross aber auch die Dosis Ignoranz ist, welche solche Quadratoren ihren Geistesprodukten beimischen, noch viel grösser ist die Dosis Arroganz, mit der sie dieselben würzen. Um einen Beleg hierfür vorzubringen, brauche ich nicht weit zu greifen. Vor mir liegt ein im Jahre 1840 in Hamburg verlegtes Büchlein, in welchem der Verfasser alle paar Seiten dem lieben Gott dankt, dass er ihn gerade ausgewählt habe, die „langgesuchte, mit Inbrunst begehrte, von Millionen betastete Lösung des mathematischen ‚Phänomenproblems‘ zu lösen“. Nachdem sich der bescheidene Verfasser als Entlarver des Betrugs des Archimedes hingestellt hat, sagt er wörtlich: „Es beliebte nun einmal so der Mutter Natur, dies mathematische Kleinod dem menschlichen Forschen vorzuenthalten, bis es ihr gefiel, die Wahrheit der Einfalt zu übergeben.“ Dies wird genügen, nicht die Einfalt, sondern das Selbstbewusstsein des Verfassers zu zeigen. Es genügt aber noch nicht zum Nachweis seiner Ignoranz. Von mathematischen Beweisen hat derselbe keine Ahnung, er verlässt sich darauf, dass es so ist, weil es ihm so aussieht. Und auch logische Fehler finden sich in seinem Buche an mehreren Stellen. Worin aber steckt, abgesehen von der sonstigen Inkorrektheit, der Kern des Trugschlusses bei dem Entlarver des Archimedes? Es kostet viel Mühe, aus der schwülstigen Sprache und aus dem alle Schlüsse verschleiernden Brimborium schliesslich diesen Kern herauszufinden. Er besteht darin, dass der Verfasser dem Kreise ein Quadrat einbeschreibt, ein anderes ihm umbeschreibt, dann erkennt, dass das einbeschriebene Quadrat sich aus vier kongruenten Dreiecken zusammensetzt, während das umbeschriebene Dreieck aus acht solcher Dreiecke besteht, woraus der Verfasser, weil der Kreis grösser als das eine, kleiner als das andere Quadrat sei, den kühnen Schluss zieht, dass der Kreis denselben Inhalt hat, wie sechs solcher Dreiecke. Vgl. Fig. 1. Es ist kaum denkbar, dass ein vernünftiger

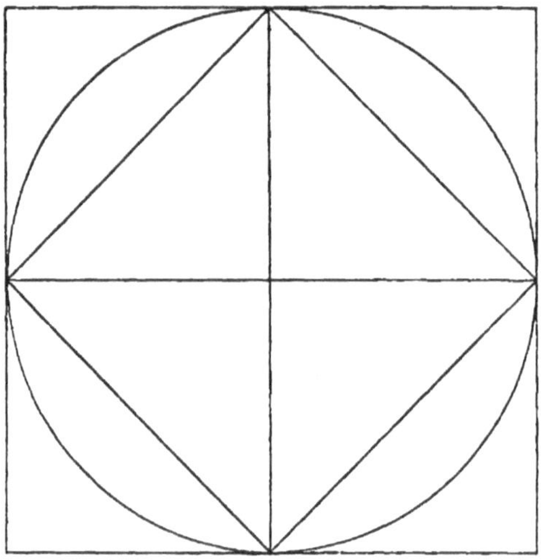

Figur 1.

Mensch schliessen kann, dass etwas, was grösser als 4 und kleiner als 8 ist, notwendig 6 sein müsse. Aber bei einem Manne, der die Quadratur des Zirkels anstrebt, ist auch solche Schlussweise möglich. Ebenso lassen sich bei allen übrigen angeblichen Lösern des Problems entweder logische Fehlschlüsse oder Verstösse gegen elementare arithmetische oder geometrische Wahrheiten nachweisen, nur dass dieselben nicht immer von so trivialer Natur sind, wie in dem eben besprochenen Buche.

Fragen wir uns nun, woher die Neigung, sich mit der Quadratur des Zirkels zu beschäftigen, um dieselbe lösen zu wollen, herstammt. Zunächst muss hier an das Alter des Problems erinnert werden. Wie nachher ausführlicher besprochen werden soll, ist in Ägypten eine Quadratur des Zirkels schon 500 Jahre vor dem Auszuge der Israeliten versucht worden. Bei den Griechen hat das Problem nie aufgehört, eine die Fortschritte der Mathematik stark beeinflussende Rolle zu spielen. Auch im Mittelalter taucht die Quadratur des Zirkels als der mathematische Stein der Weisen sporadisch auf, und so hat das Problem nie aufgehört, behandelt und beachtet zu werden. Mehr aber noch als das Alter des Problems lockt die Quadratoren der Reiz, den alles das ausübt, was geeignet ist, den Einzelnen aus der Masse der gewöhnlichen Menschen herauszuheben und ihm den Lorbeer der Berühmtheit um die Schläfe zu winden. Der Ehrgeiz ist es, welcher bei den alten Griechen ebensowohl wie bei uns Modernen immer wieder einzelne Menschen dazu anspornt, die uralte Nuss zu knacken. Ob sie dazu befähigt sind, ist ihnen dabei Nebensache. Sie betrachten die Quadratur des Zirkels wie das grosse Los einer Lotterie, das ihnen ebensogut in den Schoss fallen kann, wie jedem andern; sie bedenken nicht, dass „vor die Unsterblichkeit setzten den Schweiss die unsterblichen Götter“, und dass es jahrelang fortgesetzter Studien bedarf, um in den Besitz derjenigen mathematischen Waffen zu gelangen, welche zum Angriff auf das Problem unumgänglich nothwendig sind, welche aber in der Hand selbst der bedeutendsten mathematischen Strategen nicht ausreichten, um das Bollwerk zu nehmen.

Wie kommt es aber, müssen wir uns weiter fragen, dass es gerade die Quadratur des Kreises und nicht irgend ein anderes ungelöstes mathematisches Problem ist, auf das die Bestrebungen von Leuten gerichtet sind, welche, ohne in der Mathematik auf der Oberfläche zu stehen, sich mit mathematischen Dingen beschäftigen? Diese Frage beantwortet sich dadurch, dass die Quadratur des Zirkels fast das einzige mathematische Problem ist, das auch in der Laienwelt wenigstens dem Namen nach bekannt ist. Schon bei den alten Griechen war das Problem, auch ausserhalb des Kreises der Mathematiker, sehr wohl bekannt. In den Augen der griechischen Laien galt, ebenso wie bei manchen modernen Laien, die Beschäftigung mit dem Probleme als das wichtigste und vorwiegende Geschäft der Mathematiker, so dass es sogar ein besonderes Wort für diese Thätigkeit gab, nämlich *τετραγωνίζειν*, d. h. „sich mit der Quadratur beschäftigen“. Auch in der Neuzeit kennt jeder gebildete Nichtmathematiker das Problem dem Namen nach und weiss, dass dasselbe unlösbar oder wenigstens trotz der Anstrengungen der berühmtesten Mathematiker noch nicht gelöst sei. Aus diesem Grunde gebraucht man heutzutage die Redensart „die Quadratur des Zirkels versuchen“ im Sinne von „etwas Unmögliches versuchen“ oder im Sinne von „kaum zu bewältigende Schwierigkeiten überwinden wollen“. Auch Bismarck hat in seinen Parlamentsreden die Quadratur des Zirkels wiederholt in einem derartigen bildlichen Sinne herangezogen.

Ausser dem Alter des Problems und dem Umstande, dass dasselbe der Laienwelt bekannt ist, haben wir noch ein drittes Moment zu verzeichnen, das die Menschen heranlockt, sich mit ihm zu beschäftigen. Es ist dies das schon seit mehr als hundert Jahren verbreitete Gerücht, dass die Akademien oder die Königin von England oder sonst ein einflussreicher Mensch eine grosse Prämie ausgesetzt habe, die demjenigen zufallen solle, der das Problem zuerst löse. In der That finden wir bei vielen Quadratoren die Hoffnung, eine grosse Geldprämie zu erlangen, als hauptsächliche Triebfeder ihrer Bemühungea. Auch der Verfasser des oben besprochenen Buches bittet die Leser, ihm zu den ausgesetzten Prämien zu verhelfen.

Obwohl in der Laienwelt die Meinung verbreitet ist, dass noch immer die Fachmathematiker sich mit der Lösung des Problems beschäftigen, so ist dies doch keineswegs der Fall. Im Gegenteil sind seit etwa hundert Jahren die Bestrebungen vieler bedeutender Mathematiker immer nur darauf gerichtet gewesen, exakt zu beweisen, dass das Problem unlösbar sei. Es ist natürlich im allgemeinen schwerer, zu beweisen, dass etwas unmöglich ist, als zu beweisen, dass es möglich ist. Und so war es bis vor wenigen Jahren, trotz der Heranziehung der allgemeinsten Disziplinen moderner Mathematik, niemand gelungen, den gewünschten Unmöglichkeitsbeweis zu liefern. Endlich gelang es im Juni 1882 dem Professor Lindemann, jetzt in München, den ersten Beweis dafür zu liefern, dass es unmöglich ist, mit alleiniger Benutzung von Zirkel und Lineal ein Quadrat zu konstruieren, das einem vorliegenden Kreise mathematisch genau inhaltsgleich ist. Der Beweis war natürlich nicht mit den älteren elementaren Hilfsmitteln zu führen; denn dann wäre er sicher schon vor einigen Jahrhunderten geführt; sondern es waren Hilfsmittel erforderlich, wie sie nur von den erst in den letzten Dezennien ausgebildeten Teilen der höheren Algebra und der Theorie der bestimmten Integrale geliefert werden konnten, mit andern Worten, es bedurfte der direkten oder indirekten Vorarbeit von vielen Jahrhunderten, um endlich einen Beweis für die Unlösbarkeit des historischen Problems möglich zu machen. Freilich wird dieser Beweis ebensowenig wie der Beschluss der Pariser Akademie von 1775 den Erfolg haben, dass die Quadratoren von der Erde verschwinden. Nach wie vor wird es Menschen geben, welche von jenem Beweise nichts wissen oder nichts wissen wollen, und welche glauben, ihnen müsse gelingen, was andern nicht gelungen ist, gerade sie seien von der Vorsehung berufen, das grossartige Problem zu lösen. Leider aber hat die unausrottbare Sucht, die Quadratur des Zirkels lösen zu wollen, auch eine sehr ernste Seite. Nicht immer sind die Quadratoren so selbstzufrieden, wie der Verfasser des oben besprochenen Buches. Bisweilen sehen sie oder ahnen sie wenigstens die unübersteigbaren Hindernisse, die sich ihnen entgegentürmen; und der Konflikt zwischen ihrem Streben und ihrem Vollbringen, das Bewusstsein, dass sie lösen w o l l e n, aber nicht lösen k ö n n e n, umdüstert ihre Seele, und sie werden, für die Welt verloren, — interessante Fälle der Psychiatrie.

B. Wesen des Problems.

Hat man einen Kreis vor sich, so kann man auch leicht die Länge seines Radius oder seines Durchmessers, der das Doppelte des Radius sein muss, bestimmen, und es entsteht nun zunächst die Frage nach der Zahl, welche angiebt, wievielmal so gross als sein Radius oder sein Durchmesser seine Peripherie, d. h. die Länge der Kreislinie selbst, sei. Dass diese Verhältniszahl für kleine und grosse Kreise immer dieselbe sein muss, folgt daraus, dass alle Kreise gleiche Gestalt haben. Die Zahl nun, welche angiebt, wievielmal so gross der Umfang eines Kreises ist als sein Durchmesser, bezeichnet man mit π. Die Zahl π berechnen, heisst also, berechnen, wievielmal so gross der Umfang eines Kreises ist als sein Durchmesser. Eine solche Berechnung heisst „numerische Rektifikation des Kreises“. Nächst der Berechnung des Umfanges dürfte am wichtigsten die Berechnung des Flächeninhalts eines Kreises aus seinem Radius oder seinem Durchmesser sein, d. h. wieviel Fläche der innerhalb eines Kreises liegende Teil seiner Ebene misst. Eine solche Berechnung, „numerische Quadratur“ genannt, lässt sich aber auf die numerische Rektifikation, d. h. auf die Berechnung der Zahl π zurückführen. Denn es wird in der elementaren Geometrie bewiesen, dass der Inhalt eines Kreises ebenso gross ist wie der Inhalt eines Dreiecks, welches entsteht, wenn man in dem Kreise einen Radius zieht, im Endpunkte desselben die Tangente, d. h. hier eine Senkrechte, errichtet, auf dieselbe von jenem Endpunkte aus die Länge des Kreisumfangs abträgt, und den so erhaltenen Punkt mit dem Centrum des Kreises verbindet. Hieraus aber folgt, dass der Inhalt eines Kreises sovielmal so gross ist, als das Quadrat über seinem Radius, wie die Zahl π beträgt. Von dieser auf die Berechnung der Zahl π gegründeten numerischen Rektifikation und Quadratur des Kreises sind die Aufgaben wohl zu unterscheiden, welche verlangen, dass man aus dem Radius oder dem Durchmesser eines Kreises eine gerade Strecke, die gleich seinem Umfange ist, oder ein Quadrat, das gleich seinem Inhalte ist, konstruktiv herstellen soll, Aufgaben, die man füglich „konstruktive Rektifikation" und „konstruktive Quadratur" des Kreises zu nennen hätte. Angenähert kann man diese Aufgaben natürlich mit Benutzung eines angenäherten Wertes für die Zahl π leicht lösen; aber in der Geometrie heisst eine Konstruktionsaufgabe lösen, sie mathematisch genau lösen. Wäre die Zahl π genau gleich dem Verhältnis zweier ganzer Zahlen, so würde die konstruktive Rektifikation gar keine Schwierigkeiten bieten. Angenommen z. B., der Umfang eines Kreises wäre genau $3\frac{1}{7}$mal so gross als sein Durchmesser, so würde man den Durchmesser in 7 gleiche Teile teilen, was nach den Elementen der Planimetrie mit Zirkel und Lineal genau ausführbar wäre, dann würde man eine gerade Strecke, die genau dreimal so gross wie der Durchmesser ist, um einen solchen Teil verlängern, und man hätte eine gerade Strecke gewonnen, die genau gleich dem Umfang eines Kreises wäre. Nun aber giebt es, wie bewiesen ist, thatsächlich nicht zwei ganze Zahlen, welche, und wären sie auch noch so gross, durch ihr Verhältnis die Zahl π genau darstellten. Folglich führt eine Rektifikation von der eben beschriebenen Art nicht zum Ziele. Es entsteht hierbei die Frage, ob nicht aus der bewiesenen Thatsache, dass die Zahl π nicht gleich dem Verhältnis zweier, wenn auch noch so grosser, ganzer Zahlen ist, die Unmöglichkeit folgt, eine gerade Linie zu konstruieren, die genau gleich dem Umfang eines Kreises ist. Diese Frage ist zu verneinen. Denn es giebt in der Geometrie sehr wohl Paare von zwei Strecken, von denen die eine aus der andern leicht konstruiert werden kann, obwohl sich zeigen lässt, dass keine zwei ganze Zahlen das Verhältnis solcher zwei Strecken darstellen können. Beispielsweise sind die Seite und die Diagonale eines Quadrats so beschaffen. Zwar ist das Verhältnis beider nahezu wie 5 zu 7. Genau aber ist dies nicht, und es giebt überhaupt nicht zwei Zahlen, die das Verhältnis genau darstellen könnten. Nichtsdestoweniger kann man aus der einen Strecke die andere mit alleiniger Anwendung von Zirkel und Lineal leicht konstruieren. Ebenso könnte es sich mit der Rektifikation des Kreises verhalten. Man darf also nicht aus der Unmöglichkeit, π als Verhältnis zweier ganzer Zahlen darzustellen, die Unmöglichkeit der Rektifikation schliessen. Was die Quadratur des Kreises anbetrifft, so steht und fällt dieselbe mit der Rektifikation. Dies beruht auf der schon oben mitgeteilten Wahrheit, dass ein Kreis inhaltsgleich einem rechtwinkligen Dreieck ist, bei welchem die eine Kathete gleich dem Radius, die andere gleich dem Umfange ist. Hätte man also den Umfang eines Dreiecks rektifiziert, so würde man auch dieses Dreieck herstellen können; jedes Dreieck lässt sich aber, wie in den Elementen der Planimetrie gelehrt wird, mit Hilfe von

Zirkel und Lineal in ein genau flächengleiches Quadrat verwandeln, so dass also ein Quadrat konstruiert werden könnte, das dem Kreise inhaltsgleich wäre, vorausgesetzt, dass es gelungen wäre, dessen Umfang zu rektifizieren. Die Abhängigkeit der Aufgaben der Berechnung der Zahl π, der Quadratur und der Rektifikation des Kreises voneinander, verpflichtet uns, in einer Behandlung der Quadratur des Zirkels auch die Untersuchungen über die Zahl π, sowie die Bemühungen um die Rektifikation des Kreises als gleichwertig anzusehen und demgemäss zu berücksichtigen.

Wiederholt haben wir in dieser Erörterung den Ausdruck „mit Zirkel und Lineal konstruieren" gebraucht. Es ist notwendig, klarzustellen, was für eine Bedeutung die Angabe dieser beiden Hilfsmittel hat. Wenn man in der Geometrie der Forderung, irgend eine Figur überhaupt nur herzustellen, soviele Bedingungen hinzufügt, dass nur eine Figur oder eine beschränkte Zahl von Figuren möglich wird, so nennt man in der Geometrie eine so vervollständigte Forderung eine Konstruktionsaufgabe, oder kurz eine Aufgabe. Wenn man nun eine derartige Aufgabe lösen soll, so hat man sie auf leichtere, schon als lösbar erkannte Aufgaben zurückzuführen; und, da diese letzteren dann wieder von noch einfacheren Aufgaben abhängen, so muss man schliesslich auf gewisse, grundlegende Aufgaben stossen, auf welchen die übrigen beruhen, welche aber selbst nicht auf noch einfachere Aufgaben zurückführbar sind. Diese grundlegenden Aufgaben sind so zu sagen die untersten Steine des Gebäudes der geometrischen Konstruktionsaufgaben. Es fragt sich nun, welche Aufgaben man passender Weise als grundlegend ansieht, und da hat sich gezeigt, dass die Lösung eines grossen Teils der in der elementaren Planimetrie auftretenden Aufgaben auf der Lösung von nur fünf Aufgaben beruht und diese sind:

1. Herstellung einer geraden Linie, die durch zwei vorgeschriebene Punkte geht;

2. Herstellung eines Kreises, dessen Centrum ein vorgeschriebener Punkt ist und dessen Radius eine vorgeschriebene Länge hat;

3. Auffindung des Punktes, der auf zwei gegebenen, hinreichend weit verlängerten geraden Linien zugleich liegt, falls ein solcher Punkt (Schnittpunkt) überhaupt existiert;

4. Auffindung der beiden Punkte, die auf einer gegebenen geraden Linie und auf einem gegebenen Kreise zugleich liegen, falls solche gemeinsamen Punkte (Schnittpunkte) überhaupt existieren;

5. Auffindung der beiden Punkte, die auf zwei gegebenen Kreisen zugleich liegen, falls solche gemeinsamen Punkte (Schnittpunkte) überhaupt existieren.

Zur Lösung der drei letzten dieser fünf Aufgaben braucht man nichts weiter als das Auge, während man zur Lösung der beiden ersten Aufgaben ausser Bleistift, Tinte, Kreide u. dgl. noch besondere Hilfsmittel gebraucht; und zwar bedient man sich zur Lösung der ersten Aufgabe meist eines Lineals und zur Lösung der zweiten Aufgabe eines Zirkels. Doch muss hervorgehoben werden, dass es die Geometrie durchaus nichts angeht, welche mechanischen Hilfsmittel zur Lösung der obigen fünf Aufgaben angewandt werden.

Die Geometrie beschränkt sich vielmehr darauf, vorauszusetzen, dass diese Aufgaben lösbar sind, und sieht eine komplizierte Aufgabe als gelöst an, wenn bei der Angabe der Konstruktionen, aus denen die Lösung besteht, keine anderen Forderungen gestellt werden, als die obigen fünf. Da also die Geometrie die Lösung dieser fünf Aufgaben nicht selbst angiebt, sondern im Gegenteil fordert, so nennt man dieselben Postulate.*) Nicht alle Aufgaben der Planimetrie sind allein auf die fünf Postulate zurückführbar. Es giebt vielmehr auch Aufgaben, deren Lösung nur bewerkstelligt werden kann, wenn noch andere als jene fünf Aufgaben als lösbar vorausgesetzt werden, wie etwa die Herstellung einer Ellipse aus ihrem Centrum, ihrer grossen und kleinen Achse. Wohl aber haben viele Aufgaben die Eigenschaft, dass sie mit alleiniger Hilfe der fünf Postulate lösbar sind, und ist dies der Fall, so nennt man sie „mit Zirkel und Lineal“ oder kurz „elementar“ konstruierbar.

Nach diesen allgemeinen, aber für das Verständnis der Geschichte der Quadratur des Zirkels unumgänglich notwendigen Erörterungen über Lösbarkeit geometrischer Konstruktionsaufgaben, wird die Bedeutung der Frage verständlich sein, ob die Quadratur des Zirkels lösbar, d. h. elementar lösbar ist oder nicht. Nun aber hat

---

*) Man spricht sonst immer nur von zwei Postulaten (bei uns No. 1 und No. 2). Da es aber für die eigentliche Geometrie unwesentlich ist, ob man zur Lösung einer Aufgabe nur das Auge oder noch besondere mechanische Hilfsmittel nötig hat, so hält es der Verfasser für methodisch richtiger, fünf Postulate anzunehmen.

sich der oben erörterte Begriff der elementaren Lösbarkeit erst allmählich zu völliger Klarheit entwickelt, und wir treffen daher sowohl bei den Griechen wie bei den Arabern vielfach erfolgreiche Bemühungen, welche darauf hinausliefen, die Quadratur des Zirkels mit noch anderen Hilfsmitteln als den fünf Postulaten zu lösen. Auch diese Bemühungen haben wir zu beachten, und um so eher, als sie ebenso wie die erfolglosen Bemühungen um die elementare Lösung die Wissenschaft der Geometrie im ganzen förderten, indem sie namentlich zur Klärung der geometrischen Begriffe beitrugen.

C. Ägypter, Babylonier, Griechen.

Schon in dem ältesten mathematischen Buche, das wir besitzen, finden wir eine Regel darüber, wie man ein Quadrat zu machen hat, das einem vorliegenden Kreise inhaltsgleich ist. Dieses berühmte Buch, der Papyrus Rhind des British Museum, übersetzt und erklärt von Eisenlohr (Leipzig 1877), ist, wie in demselben angegeben wird, im dreiunddreissigsten Regierungsjahre des Königs Ra-a-us von einem Schreiber dieses Königs, Namens Ahmes, verfasst. Hiernach fällt die Abfassung des Buches in die Zeit der beiden Hiksos-Dynastieen, also in die Zeit zwischen 2000 und 1700 vor Christi Geburt. Nun aber kommt hinzu, dass Ahmes einleitend erwähnt, er habe sein Buch nach der Vorlage von alten Schriften verfasst, welche in den Zeiten des Königs Raenmat verfertigt sind, woraus hervorgeht, dass die Originale zu den mathematischen Mitteilungen des Ahmes noch ein halbes Jahrtausend älter sind, als der Papyrus Rhind. Die in diesem Papyrus angegebene

Regel über die Bildung eines einem Kreise gleichen Quadrats sagt aus, man solle den Durchmesser des Kreises um $\frac{1}{9}$ seiner Länge verkürzen und über die so verkürzte Strecke ein Quadrat errichten. Selbstverständlich hat ein solches Quadrat nur näherungsweise gleichen Inhalt mit dem Kreise. Um eine Vorstellung von dem Genauigkeitsgrade dieser ersten, uralten Zirkel-Quadratur zu geben, sei bemerkt, dass, wenn der Durchmesser das gegebenen Kreises 1 Meter lang ist, das Quadrat, das ihm gleich sein soll, um etwas weniger als ein halbes Quadratdezimeter zu gross wird, eine Annäherung, die zwar schlechter ist, als die von Archimedes berechnete, aber doch immer noch besser ist, als so manche später benutzte Annäherung. Wie Ahmes oder seine Vorgänger zu jener angenäherten Quadratur gekommen sind, weiss man nicht. Doch ist festgestellt, dass sich dieselbe in Ägypten von Jahrhundert zu Jahrhundert fortgeerbt hat, so dass sie in der spätägyptischen Zeit wiederholt auftritt.

Ausser bei den Ägyptern finden wir im vorgriechischen Altertum auch bei den Babyloniern einen Versuch zur Kreisberechnung, der freilich keine Quadratur, wohl aber eine Rektifikation des Kreisumfangs bezweckt. Die babylonischen Mathematiker hatten nämlich erkannt, dass, wenn man in einen Kreis seinen Radius als Sehne wiederholt einträgt, man nach sechsmaliger Eintragung auf den Ausgangspunkt zurückkommt, und schlossen hieraus, dass der Umfang des Kreises wenig grösser sein muss, als eine Strecke, die sechsmal so lang wie der Radius, d. h. dreimal so lang wie der Durchmesser ist. Wenn man will, kann man eine Spur dieser babylonischen Kreisumfangberechnung auch in der Bibel finden. Denn dort wird im 1. Buch der Könige, Kap. 7, V. 23 und im 2. Buch der Chronica, Kap. 4, V. 2 das grosse Waschgefäss beschrieben, das unter dem Namen des „ehernen Meeres“ eine Zierde des babylonischen Tempels bildete, und von diesem Gefässe gesagt, dass es zehn Ellen von einem Rande zum andern und dreissig Ellen ringsherum gemessen hätte. Noch deutlicher ist die Zahl 3 als Verhältniszahl zwischen Umfang und Durchmesser im Talmud ausgedrückt, wo es wörtlich heisst: „Was im Umfang drei Längen misst, ist eine Länge quer.“

Was die älteren, griechischen Mathematiker, wie Thales und Pythagoras, anbetrifft, so wissen wir von ihnen, dass sie sich die Grundlagen ihres mathematischen Wissens in Ägypten geholt haben. Aber es ist uns nichts darüber berichtet, ob dieselben die oben besprochene altägyptische Zirkelquadratur gekannt oder überhaupt das Problem behandelt haben. Wohl aber ist uns von dem etwas später lebenden Lehrer des Euripides und des Perikles, dem namentlich von Plato gepriesenen Philosophen und Mathematiker Anaxagoras überliefert, dass er im Gefängnis im Jahre 434 „die Quadratur des Kreises gezeichnet habe“.

So lautet der Bericht Plutarchs im 17. Kapitel seiner Schrift „De exilio“. Freilich wird uns nicht berichtet, in welcher Weise Anaxagoras die Lösung des Problems erreicht zu haben vermeinte, und ob er, bewusst oder unbewusst, eine angenäherte Lösung nach Art des Ahmes bewerkstelligt hatte. Jedenfalls aber hat Anaxagoras das Verdienst, auf eine Aufgabe, aufmerksam gemacht zu haben, die sich als fruchtbringend erwies, indem sie die griechischen Gelehrten anspornte, sich mit Geometrie zu beschäftigten und diese Wissenschaft mehr und mehr zu fördern. Weiter wird uns von dem Mathematiker Hippias von Elis berichtet, „derselbe habe eine krumme Linie erfunden, welche zu einem doppelten Zwecke dienen konnte, erstens zur Dreiteilung eines Winkels, zweitens zur Quadratur des Kreises. Diese krumme Linie ist die von späteren griechischen Mathematikern oft erwähnte *τετραγωνίζουσα*, von den Römern quadratrix genannt. Über die Natur dieser Kurve wissen wir durch Pappus genau Bescheid. Doch wird es hier genügen, zu erfahren, dass die quadratrix kein Kreis oder Kreisteil ist, so dass ihre Herstellung nicht vermittelst der in B erwähnten Postulate möglich ist. Deshalb ist die auf die Konstruktion der quadratrix gegründete Lösung der Quadratur des Zirkels keine elementare Lösung in dem in B besprochenen Sinne. Freilich kann man sich einen Mechanismus denken, der diese Kurve ebenso gut zeichnet, wie ein Zirkel einen Kreis zeichnet. Und mit Hilfe eines solchen Mechanismus wäre dann die Quadratur des Zirkels genau lösbar. Aber, wenn es gestattet ist, ein für die Lösung gerade geeignetes Hilfsmittel anzuwenden, kann man jede Aufgabe als lösbar bezeichnen. Genau genommen, ist infolge der Erfindung der Kurve des Hippias nur eine unüberwindliche Schwierigkeit durch eine andere ebenso unüberwindliche ersetzt. Später, um 350, zeigte der Mathematiker Dinostratus, dass die quadratrix auch dazu benutzt werden kann, die Aufgabe der Rektifikation des Kreises zu lösen, und von nun an spiel diese Aufgabe in der griechischen Mathematik fast dieselbe Rolle, wie die von uns in B als mit ihr verwandt erkannte Aufgabe der Quadratur des Zirkels.

Als nun diese Probleme anfingen, auch den gelehrten Nichtmathematikern Griechenlands bekannt zu werden, tauchten sofort auch Lösungsversuche auf, welche würdig sind, den in A geschilderten Lösungen moderner Quadratoren an die Seite gestellt zu werden. Namentlich waren es die Sophisten, welche glaubten, durch eine bestechende Dialektik ein Bollwerk nehmen zu können, das dem Verstande der berühmtesten Mathematiker Widerstand leistete. Mit kindischer Wortklauberei sagte man, dass die Quadratur des Kreises auf der Auffindung einer Zahl beruhen müsse, die ein Quadrat und einen Kreis zugleich darstellen, ein Quadrat, indem sie eine Quadratzahl sei, einen Kreis, indem sie wieder mit derselben Zahl endige, wie die Grundzahl, aus der sie durch Multiplikation mit sich selbst hervorgehe. So müsste, meinte man, die Zahl 36 die Lösung des berühmt gewordenen Problems darstellen. Derartigen Wortverdrehungen gegenüber erscheinen die, wenn auch ungenauen, Überlegungen der Mathematiker Bryson und Antiphon, beide Zeitgenossen des Sokrates, als sehr verständig. Antiphon teilte den zu verwandelnden Kreis in vier gleiche Bögen, erhielt durch Verbindung der Teilpunkte ein Quadrat, teilte jeden Bogen wiederum in zwei gleiche Teile, erhielt so ein einbeschriebenes Achteck, ging dann zum einbeschriebenen Sechzehneck über, und erkannte, dass so die einbeschriebene Figur mehr und mehr sich dem Kreise näherte. So solle man, meinte er, fortschreiten, bis dem Kreise ein Vieleck einbeschrieben sei, dessen Seiten, ihrer Kleinheit wegen, mit dem Kreise zusammenfallen würden. Dieses Vieleck konnte nun nach den schon von den Pythagoräern gelehrten Methoden in ein gleichflächiges Quadrat verwandelt werden, wodurch Antiphon die Quadratur des Zirkels für gelöst erachtete. Gegen diese Methode lässt sich nichts weiter einwenden, als dass dieselbe immer eine angenäherte bleiben muss, wie weit man auch die Halbierung der Bögen fortsetzen möge. Besser noch war der Quadraturversuch des Bryson aus Herakläa, insofern dieser Gelehrte sich nicht damit begnügte, ein Quadrat zu finden, das sehr wenig kleiner war als der Kreis, sondern sich auch durch die umbeschriebenen Polygone ein Quadrat verschaffte, das sehr wenig grösser war als der Kreis. Dabei beging Bryson nur den Fehler, dass er meinte, die Kreisfläche sei das arithmetische Mittel zwischen einem einbeschriebenen und einem umbeschriebenne Polygone von gleicher Seitenzahl. Trotz dieses Fehlers hat Bryson erstens das Verdienst, durch Betonung der Notwendigkeit eines zu grossen und eines zu kleinen Quadrats den Begriff einer oberen und einer unteren „Grenze“ bei Annäherungen in die Mathematik eingeführt zu haben, zweitens auch das Verdienst, durch Vergleich der ein- und umbeschriebenen regulären Polygone mit dem Kreise dem Archimedes den Weg zu einem Näherungswert für die Zahl π gezeigt zu haben.

Von einem neuen Gesichtspunkte aus behandelte, bald nach Antiphon und Bryson, Hippokrates von Chios das mehr und mehr berühmt gewordene Problem. Hippokrates konnte sich nicht mit näherungsweise stattfindenden Gleichheiten begnügen, und suchte nach krummlinigt begrenzten ebenen Figuren, die mathematisch genau einer geradlinigt begrenzten Figur gleich waren, und demnach in ein inhaltsgleiches Quadrat mit Zirkel und Lineal verwandelt werden konnten. Zunächst fand Hippokrates, dass das halbmondförmige Flächenstück, welches entsteht, wenn man in einem Kreise zwei senkrechte Radien zieht und über der Verbindungslinie ihrer Endpunkte einen Halbkreis zeichnet, genau inhaltsgleich dem Dreieck ist, das von dieser Verbindungslinie und den beiden Radien gebildet wird, und demgemäss ging nun das Streben dieses unermüdlichen Gelehrten dahin, einen Kreis in einen Halbmond zu verwandeln. Freilich konnte er dieses Ziel nicht erreichen; wohl aber fand er bei seinen Bemühungen dazu manche neue geometrische Wahrheit, unter anderen die Verallgemeinerung des eben erwähnten Satzes, welche noch heut in den Lehrbüchern den Namen „Lunulae Hippocratis" trägt. So zeigt es sich bei Hippokrates im deutlichsten Lichte, wie gerade die unlösbaren Probleme einer Wissenschaft geeignet sind, dieselbe zu fördern, indem sie die Forscher anlockten, sich mit Ausdauer der Wissenschaft hinzugeben und so ihre Tiefen zu ergründen.

In der historischen Reihenfolge der grossen griechischen Geometer folgt auf Hippokrates der Systematiker Euklides, dessen starres, geometrisches Lehrgebäude bis in unser Jahrhundert hinein massgebend geblieben ist. Von einer Quadratur des Zirkels oder einer Kreisberechnung enthalten aber die „Elemente" des Euklid gar nichts. Zwar finden sich darin Flächenvergleichungen, die sich auf den Kreis beziehen, aber nirgends eine Berechnung des Kreisumfangs oder Kreisinhalts. Diese bei Euklid fühlbare Lücke füllte nun Archimedes, der bedeutendste Mathematiker des Altertums, aus. Archimedes, in Syrakus 287 geboren, lebte daselbst den mathematischen und physikalischen Wissenschaften, die er mit den wichtigsten Schätzen bereicherte, bis er nach der Einnahme seiner Vaterstadt durch Marcellus im Jahre 212 von einem römischen Soldaten erschlagen wurde, dem er verboten hatte, ihm seine in den Sand gezeichneten Kreise zu zerstören. Zu den bedeutendsten Leistungen des Archimedes gehört unstreitig die von ihm erfolgreich unternommene Berechnung der Zahl π. Wie Bryson, ging er von den einem Kreise ein- und umbeschriebenen regulären Vielecken aus. Er zeigte, wie man von dem Umfang des einbeschriebenen Sechsecks, der sechs Radien beträgt, rechnerisch zum Umfang des regulären Zwölfecks u. s. w. zum Umfang von immer doppelt so grosser Seitenzahl gelangen könne. Indem er in ähnlicher Weise dann auch die umbeschriebenen Vielecke behandelte und bei beiden Vielecksreihen bis zum regulären 96-Eck aufstieg, erkannte er einerseits, dass das Verhältnis des Umfangs des einbeschriebenen regulären 96-Ecks zum Durchmesser grösser ist als $6336 : 2017\frac{1}{4}$, andererseits, dass das entsprechende auf das umbeschriebene 96-Eck bezügliche Verhältnis kleiner als $14688 : 4673\frac{1}{2}$ ist. Hieraus schloss er, dass die Zahl π, das Verhältnis des Kreisumfangs zum Durchmesser, grösser als der Bruch $\frac{6336}{2017\frac{1}{4}}$ und kleiner als $\frac{14688}{4673\frac{1}{2}}$ ist. Behufs Abrundung der beiden für die Zahl π gefundenen Grenzen zeigte dann Archimedes, dass der erste Bruch grösser als $3\frac{10}{71}$, und dass der zweite Bruch kleiner als $3\frac{1}{7}$ ist, woraus mit Sicherheit folgte, dass die gesuchte Zahl π zwischen $3\frac{1}{7}$ und $3\frac{10}{71}$ liegt. Der grössere dieser beiden, die Zahl π einschliessenden Näherungswerte, also $3\frac{1}{7}$, wird gewöhnlich nur gelernt und angewandt. Was bei der Archimedeischen Berechnung von π uns mit der grössten Bewunderung erfüllt, das ist einerseits die grosse Schärfe und Genauigkeit in allen Detailberechnungen, andererseits die unermüdliche Ausdauer, welche Archimedes, die Vorteile der indischen Zifferschrift und der Dezimalbruchschreibweise entbehrend, bei der Auffindung der Grenzen für π bewiesen haben muss. Denn man bedenke, dass an zahlreichen Stellen des Berechnungsweges das erforderlich war, was wir heute Wurzelausziehung nennen, und dass Archimedes nur durch äusserst mühsame Rechnerei zu Verhältnissen gelangen konnte, die näherungsweise die Wurzel aus vorliegenden Zahlen oder Brüchen ausdrückten.

Was die auf Archimedes folgenden griechischen Mathematiker anbetrifft, so erwähnen und benutzen dieselben den Näherungswert $3\frac{1}{7}$ für π, ohne jedoch sonst hinsichtlich der Quadratur des Zirkels oder der Kreisberechnung etwas wesentlich Neues hinzuzufügen. So gebraucht ums Jahr 100 v. Chr. Heron von Alexandrien, der Vater der Feldmesser, bei seinen praktischen Ausmessungen teils die Zahl $3\frac{1}{7}$ für π, teils auch die rohere Annäherung π gleich 3. Nur der Astronom Ptolemäus, der um 150 n. Chr. in Alexandrien wirkte und durch sein bis zu Koppernikus allgemein anerkanntes Weltsystem berühmt ist, weiss ausser dem Näherungswert des Archimedes noch einen genaueren anzugeben, den er in der von ihm angewandten Sexagesimalbruchschreibweise durch 3, 8, 30 bezeichnet, d. h. 3 und $\frac{8}{60}$ und $\frac{30}{3600}$, oder, wie wir jetzt sagen 3 Ganze 8 Minuten (partes minutae primae) und 30 Sekunden (partes minutae secundae). In der That drückt $3 + \frac{8}{60} + \frac{30}{3600} = 3\frac{17}{120}$ die Zahl π noch etwas genauer aus als $3\frac{1}{7}$, ist aber dafür auch durch die Grösse der Zahlen 17 und 120 gegenüber den Zahlen 1 und 7 unbequemer.

D. Römer, Inder, Chinesen, Araber, christliche Kultur bis Newton.

In den mathematischen Wissenschaften standen die Römer mehr noch als in anderen Wissenschaften auf den Schultern der Griechen. Ja, hinsichtlich der Kreisberechnung fügten sie nicht bloss nichts zu den griechischen Entdeckungen hinzu, sondern zeigten sogar öfter, dass sie das schöne Resultat des Archimedes nicht kannten oder wenigstens nicht zu schätzen wussten. So rechnet z. B. der unter Augustus lebende Vitruvius, dass der Umfang eines Rades von vier Fuss Durchmesser $12\frac{1}{2}$ Fuss betragen müsse, d. h. er setzt $\pi = 3\frac{1}{8}$. So enthält eine uns durch die Gudianische Handschrift der Wolfenbütteler Bibliothek erhaltene Abhandlung über Feldmesserei folgende Anweisung zur Quadratur des Zirkels. Man nehme den vierten Teil des Umfangs eines Kreises als Seite eines Quadrats, dann ist letzteres dem Kreise inhaltsgleich. Abgesehen davon, dass zur Konstruktion dieses Quadrats die Rektifikation eines

Kreisbogens erforderlich wäre, so ist diese römische Quadratur auch rein rechnerisch so ungenau wie keine sonstige Kreisberechnung, denn sie läuft darauf hinaus, dass $\pi = 4$ ist.

Grösser als die mathematischen Leistungen der Römer, ja sogar in gewissen Richtungen die der Griechen übertreffend, waren die mathematischen Leistungen der Inder. In der ältesten Quelle, die wir für die Mathematik der Inder kennen, in den wenig vor Beginn unserer Zeitrechnung entstandenen Culvasûtras finden wir zwar nicht die Quadratur des Zirkels, wohl aber die umgekehrte Aufgabe behandelt, die man füglich Zirkulatur des Quadrats nennen könnte. Die halbe Seite eines gegebenen Quadrats wird dort um den dritten Teil des Überschusses der halben Diagonale über die halbe Seite verlängert und die so erhaltene Strecke als Radius des gesuchten, dem Quadrate inhaltsgleichen Kreises angesehen. Um ein Mass für die Genauigkeit dieser Konstruktion zu erhalten, ist es am einfachsten zu berechnen, wie gross π sein müsste, wenn die Konstruktion genau richtig wäre. Dadurch erhält man, dass das der indischen Zirkulatur des Quadrats zu Grunde liegende π um 5 bis 6 Hundertstel kleiner ist als das wahre, während der Archimedeische Näherungswert $3\frac{1}{7}$ nur um 1 bis 2 Tausendstel zu gross ist, und der alt-ägyptische Wert den wahren Wert, um 1 bis 2 Hundertstel übersteigt. Einen gewaltigen Fortschritt muss aber die Kreisberechnung bei den Indern in den ersten 4 bis 5 Jahrhunderten unserer Zeitrechnung gemacht haben. Denn der um 500 nach Chr. Geb. lebende Aryabhatta spricht davon, dass das Verhältnis des Kreisumfangs zum Durchmesser 62832 zu 20000 sei, eine Annäherung, die an Genauigkeit selbst die des Ptolemäus übertrifft. Das indische Resultat liefert nämlich 3,1416 für π, während π wirklich zwischen 3,141592 und 3,141593 liegt. Wie die Inder zu diesem so guten Näherungswert gelangt sind, darüber berichtet Ganeça, der Kommentator des im 12. Jahrhundert lebenden Bhâskara. Derselbe sagt, man habe den Weg des Archimedes weiter verfolgt, sei durch stete Verdoppelung der Seitenzahl vom Sechseck aus bis zum 384-Eck fortgeschritten, und habe so durch Vergleich der Umfänge des um- und einbeschriebenen 384-Ecks gefunden, dass π gleich 3927 : 1250 sei. Man erkennt, dass dieser von Bhâskara angegebene Wert mit dem von Aryabhatta angegebenen Werte identisch ist. Bemerkenswert ist ferner, dass der frühere von diesen beiden indischen Mathematikern weder den Werth $3\frac{1}{7}$ des Archimedes, noch den Wert $3\frac{17}{120}$ des Ptolemäus erwähnt, der spätere aber beide Werte kennt, und den des Archimedes als den für praktische Anwendungen brauchbarsten besonders empfiehlt. Bei Bramagupta, dem im Beginn des 7. Jahrhunderts lebenden grossen indischen Mathematiker, kommt sonderbarerweise der gute Näherungswert des Aryabhatta nicht vor, wohl aber die wunderbare Angabe, dass der Inhalt des Kreises genau die Quadratwurzel aus zehn sei, wenn sein Radius gleich eins ist. Der aus dieser Angabe entspringende Wert von π, der um 2 bis 3 Hundertstel zu gross ist, ist sicher auf indischem Boden gewachsen. Denn einerseits kommt er bei keinem griechischen Mathematiker vor, andererseits berichten arabische Schriftsteller, die die griechische und indische mathematische Litteratur besser übersehen konnten, als wir heutzutage, dass die Annäherung, welche π der Quadratwurzel aus zehn gleichsetzt, indischen Ursprungs ist. Möglicherweise haben die der Zahlenmystik mehr als jedes andere Volk ergebenen Inder in dieser Annäherung einen Zusammenhang mit dem Umstande suchen wollen, dass der Mensch zehn Finger hat, und demgemäss Zehn die Basis des Zahlsystems ist. Fassen wir die Leistungen der Inder hinsichtlich der Quadratur des Zirkels zusammen, so erkennen wir, dass dieses mehr für Rechnen als für räumliche Anschauung veranlagte Volk hinsichtlich der rein geometrischen Seite des Problems so gut wie nichts geleistet hat, dass es aber das Verdienst hat, den von Archimedes angegebenen Weg, π zu berechnen, mehrere Stationen weiter verfolgt zu haben, und dadurch zu einem viel genaueren Werte gelangt zu sein, eine Leistung, die erklärlich wird, wenn man bedenkt, dass die Inder die Erfinder unserer Zifferschrift sind, durch die sie dem Archimedes, der noch die schwerfällige griechische Zifferschrift handhabte, leicht überlegen sein konnten.

Was die Chinesen anbetrifft, so haben dieselben in den ältesten Zeiten mit dem babylonischen Wert 3 für π operiert, und mindestens seit Ende des 6. Jahrhunderts den Archimedeischen Näherungswert gekannt. Ausserdem tritt in einzelnen mathematischen Schriften der Chinesen ein ihnen eigentümlicher Näherungswert, nämlich π gleich $3\frac{7}{50}$, auf, der aber, trotzdem er mit grösseren Ziffern geschrieben wird, nicht besser ist, als der Archimedeische. Bemühungen um die konstruktive Quadratur des Zirkels finden sich bei den Chinesen nicht.

Höhere Verdienste um die Fortentwickelung der Mathematik hatten die Araber, namentlich auch dadurch, dass sie eben sowohl die griechische wie die indische Mathematik vor Vergessenwerden bewahrten und dem christlichen Abendlande überlieferten. So unterschieden die Araber ausdrücklich den Archimedeischen Näherungswert von den indischen Werten: Quadratwurzel aus 10 und 62832:2000. Diese Unterscheidung findet sich auch bei Muhammed ben Musa Alchwarizmî, demselben Gelehrten, der im Anfang des 9. Jahrhunderts das Prinzip unserer heutigen Zifferschrift aus Indien holte und in der muhammedanischen Welt verbreitete. Aber nicht allein die numerische, sondern auch die konstruktive Quadratur des Zirkels studierten die Araber, so der um 1000 in Ägypten lebende Araber Ibn Alhaitam, dessen Abhandlung über die Quadratur des Zirkels in einem bisher leider noch nicht bearbeiteten Vatikankodex erhalten ist.

Die christliche Kultur, zu der wir jetzt überzugehen haben, brachte bis zur zweiten Hälfte des 15. Jahrhunderts äusserst geringe mathematische Leistungen hervor. Auch hinsichtlich unseres Problems haben wir nur ein einziges bedeutenderes Werk zu verzeichnen, nämlich das in sechs Büchern verfasste, uns aber nur in Bruchstücken erhaltene Werk Frankos von Lüttich über die Quadratur des Zirkels. Der Verfasser, in der ersten Hälfte des 11. Jahrhunderts lebend, war wahrscheinlich ein Schüler des als Mathematiker für seine

Zeit nicht unbedeutenden Papstes Silvester II., der auch das berühmteste Geometriebuch dieser Zeit geschrieben hat.

Grösseres Interesse wurde der Mathematik im allgemeinen, besonders aber der Quadratur des Zirkels, zugewandt, als in der zweiten Hälfte des 15. Jahrhunderts die Wissenschaften anfingen, wieder aufzublühen. Dieses Interesse weckte namentlich der wegen seiner astronomischen und kalendarischen Studien hochangesehene Kardinal Nikolaus von Cusa. Derselbe gab vor, die Quadratur des Kreises mit alleiniger Benutzung von Zirkel und Lineal gefunden zu haben, und lenkte damit die Anfmerksamkeit der Gelehrten auf das historisch gewordene Problem. Man glaubte dem berühmten Kardinal und staunte seine Weisheit an, bis Regiomontanus durch Briefe, die er 1464 und 1465 schrieb, und die 1533 im Druck erschienen, streng nachwies, dass Cusas Quadratur des Zirkels falsch war. Die Cusanische Konstruktion war folgende. Man verlängere den Radius des gegebenen Kreises um die Seite des einbeschriebenen Quadrats, nehme die erhaltene Strecke als Durchmesser eines zweiten Kreises und schreibe dem letzteren ein gleichseitiges Dreieck ein. Dann ist der Umfang des letzteren gleich der Peripherie des ursprünglichen Kreises. Betrachtet man diese Konstruktion, welche ihr Erfinder für genau hielt, als eine Näherungskonstruktion, so ergiebt sich, dass dieselbe noch ungenauer ist als die aus dem Werte $\pi = 3\frac{1}{7}$ hervorgehende Konstruktion. Denn nach Cusa müsste π um 5 bis 6 Tausendstel kleiner sein, als es wirklich ist. Im Anfang des 16. Jahrhunderts trat ein gewisser Bovillius auf, um die Cusanische Konstruktion von neuem zu verkünden, fand jedoch keine Beachtung. Um die Mitte des 16. Jahrhunderts aber erschien ein Buch, dem die Gelehrten seiner Zeit anfänglich ihr Interesse zuwandten. Es hatte den stolzen Titel: „De rebus mathematicis hactenus desideratis". Sein Verfasser Orontius Finäus that so, als wenn er alle Schwierigkeiten überwunden hätte, die jemals sich den geometrischen Forschern entgegengestellt hätten, und teilte demgemäss auch die „wahre Quadratur" des Zirkels mit. Sein Ruhm dauerte nicht lange. Denn bald wies der Portugiese Petrus Nonius in einem Buche, betitelt „De erratis Orontii" nach, dass die Quadratur des Orontius ebenso wie die meisten seiner sonstigen, angeblichen Entdeckungen falsch waren. In der nun folgenden Zeit nahm die Zahl der Quadraturkonstruktionen so zu, dass wir uns auf diejenigen Quadratoren beschränken müssen, denen die Mathematiker Beachtung schenkten. Hier ist vor allem Simon Van-Eyck zu nennen, der am Ende des 16. Jahrhunderts eine Quadratur veröffentlichte, die so angenähert war, dass der aus ihr folgende Wert von π genauer war, als der Archimedeische, so dass der Mathematiker Peter Metius, um Van-Eyck widerlegen zu können, gezwungen war, einen noch besseren Wert als $3\frac{1}{7}$ zu suchen. So gab der fehlgreifende Quadrator Veranlassung dazu, dass Peter Metius entdeckte, dass der Bruch 355 : 113 oder $3\frac{16}{113}$ sich von dem wahren Werte von π um weniger als ein Milliontel unterschied, also alle bis dahin gefundenen Werte in den Schatten stellte. Man kann überdies vermittelst der Kettenbruchtheorie nachweisen, dass bei Zulassung von höchstens vierziffrigen Zahlen kein Zahlenpaar den Wert von π genauer darstellt, als 355 und 113. Ebenso forderte die Quadratur des als Philologe nicht unbedeutenden Joseph Skaliger zu Widerlegungen auf. Wie die meisten an ihren Fund glaubenden Quadratoren, war auch Skaliger in den Elementen der Geometrie wenig bewandert. Dennoch löste er, wenigstens seiner Meinung nach, das berühmte Problem, und veröffentlichte 1592 ein Buch darüber, das den anspruchsvollen Titel „Nova cyclometria“ führte, und in dem der Name des Archimedes verhöhnt wurde. Die Wertlosigkeit seiner vermeintlichen Entdeckung wurde ihm von den bedeutendsten Mathematikern seiner Zeit: Vieta, Adrianus Romanus und Clavius nachgewiesen. Von fehlgreifenden Quadratoren haben wir bis zur Mitte des 17. Jahrhunderts namentlich noch drei zu erwähnen, den um die Astronomie wohlverdienten Longomontanus aus Kopenhagen, den Neapolitaner Johannes Porta und Gregorius von St. Vinzent. Longomontanus setzte π gleich $3\frac{14185}{100000}$ und war von der Richtigkeit seiner Quadratur so überzeugt, dass er in der Vorrede seines Werkes „Inventio quadraturae circuli“ Gott innigst dankte, dass er ihn in seinem hohen Alter dazu gestärkt hätte, die berühmte Aufgabe zu lösen. Johannes Porta knüpfte an Hippokrates an und glaubte das Problem durch Vergleich von Halbmonden gelöst zu haben. Gregorius von St. Vincent veröffentlichte eine Quadratur, bei der der Fehler schwer erkennbar war, aber schliesslich von Cartesius gefunden wurde. Von berühmten Mathematikern, die sich in der Zeit vom Ende des 15. Jahrhunderts bis auf Newton mit unserem Problem beschäftigt haben, tritt uns zuerst der schon oben erwähnte Peter Metius entgegen, dem es gelang, in dem Bruche 355 : 113 den besten aus nur kleinen Zahlen bestehenden Näherungswert für π zu finden. In anderer Weise förderte der berühmte Geometer Vieta das Problem. Vieta war der erste, welcher den Gedanken hatte und ausführte, durch eine unendliche Reihe von vorzunehmenden Operationen die Zahl π mathematisch genau darzustellen. Durch Vergleich der ein- und umbeschriebenen regulären Polygone fand Vieta, dass man der Zahl π immer näher kommt, wenn man in gewisser Weise die Operationen der Wurzelausziehung aus $\frac{1}{2}$, der Addition und der Multiplikation aufeinanderfolgen lässt, so dass π sich genau ergeben müsste, wenn man diese Operationsfolge unendlich lange fortsetzen könnte. So fand Vieta, dass zu einem Durchmesser von 10 000 Millionen Einheiten eine Peripherie von 31 415 Millionen und 926 535 bis 926 536 ebenso langen Einheiten gehört. Vieta wurde aber noch überboten durch den Niederländer Adrianus Romanus, der den zehn Dezimalstellen des Vieta weitere fünf hinzufügen konnte. Um dieses Ziel zu erreichen, berechnete er unter unsäglichen Mühen den Umfang eines umbeschriebenen regulären Polygons von 1073 Millionen 741 824 Seiten. Diese Zahl ist nämlich die dreissigste Potenz der Zahl 2. Wie gross aber auch die Arbeit des Adrianus Romanus gewesen sein mag, grösser war noch die Ludolfs van Ceulen, dem es gelang, die Archimedeische Annäherungsweise so weit fortzusetzen, dass sich π auf 35 Dezimalstellen ergab, d. h., dass die Abweichung vom wahren Werte kleiner als einhunderttausend-quintilliontel wurde, ein Genauigkeitsgrad, von dem wir uns nur schwer eine Vorstellung machen können. Ludolf veröffentlichte auch die ungeheuren Zahlenreihen, die ihn allmählich zu seinem Resultate geführt hatten. Diese Zahlenreihen wurden dann von dem Mathematiker Griemberger genau geprüft und als richtig befunden. Ludolf war mit Recht stolz auf sein Resultat, und dem Beispiele des Archimedes folgend, bestimmte er testamentarisch, dass das Ergebnis seiner wichtigsten mathematischen Leistung, nämlich die berechneten 35 Dezimalstellen von π, auf sein Grabmal gesetzt werden möchte, eine Bestimmung, die auch ausgeführt sein soll. Ludolf zu Ehren nennt man noch heute die Zahl π auch die Ludolfsche Zahl. War nun auch durch die Ludolfsche Arbeit für alle Kreisberechnungen ein Genauigkeitsgrad erreicht, wie er für alle praktischen Fälle, die jemals auftreten können, mehr als ausreichend war, so war doch dadurch weder das Problem der konstruktiven Rektifikation, noch das der konstruktiven Quadratur theoretisch irgend wie gefördert. Mathematisch wertvoller als die Arbeit Ludolfs waren die um die Mitte des 17. Jahrhunderts angestellten Untersuchungen der berühmten Mathematiker und Physiker Huygens und Snellius. Snellius ging in seinem Buche „Cyclometricus“ davon aus, dass die von Archimedes herrührende und dann auch von Ludolf angewandte Methode in der Vielecksvergleichung durchaus nicht die zum Zweck der Kreisberechnung beste Methode zu sein brauche; und es gelang ihm, durch Sätze, die aussprechen, dass gewisse Kreisbögen grösser oder kleiner als gewisse mit dem Kreise zusammenhängende gerade Strecken seien, zu Methoden zu gelangen, welche es gestatteten, Resultate wie das Ludolfsche mit weit weniger Rechenmühen zu erzielen. Die schönen Sätze des Snellius wurden dann von dem berühmten niederländischen Förderer der Theorie des Lichts (Huygens, Opera varia, S. 365 u. f., Theoremata de circuli et hyperbolae quadratura, 1651) nochmals und besser bewiesen, sowie auch vielfach vervollständigt. Snellius und Huygens waren sich wohl bewusst, dass sie nur das Problem der numerischen Quadratur, nicht aber das der konstruktiven Quadratur gefördert hätten. Dies trat bei Huygens deutlich in dem heftigen Streite hervor, den er mit dem englischen Mathematiker James Gregory ausfocht. Dieser Streit ist für die Geschichte unseres Problems insofern bemerkenswert, als Gregory den ersten Versuch anstellte, um zu beweisen, dass die Quadratur des Kreises mit Zirkel und Lineal unmöglich sein müsse. Das Resultat der Polemik, der wir viele wertvolle Schriften verdanken, war dies, dass Huygens schliesslich in unwiderlegbarer Weise die Unrichtigkeit des Gregoryschen Unmöglichkeitsbeweises nachwies, wobei er hinzufügte, dass er zwar die Lösung des Problems mit Zirkel und Lineal für unmöglich halte, aber ausserstande sei, diese Unmöglichkeit zu beweisen. Ebenso sprach sich später Newton aus. Und es hat in der That bis in die jüngste Zeit, also noch über 200 Jahre gedauert, bis die höhere Mathematik so weit gefördert war, dass ein strenger Unmöglichkeitsbeweis geliefert werden konnte.

E. Von Newton bis jetzt.

Ehe wir den fördernden Einfluss besprechen, den die Erfindung der Differential- und Integralrechnung auf unser Problem ausübte, wollen wir von der endlosen Reihe der fehlgreifenden Quadratoren, welche von Newton bis jetzt die Welt mit den Früchten ihres Ingeniums erfreuten, wenigstens einige aufzählen, wobei wir aus Pietät gegen die Mitwelt die Quadratoren unserer Zeit ganz fortlassen wollen. Da ist zuerst der berühmte englische Philosoph Hobbes zu nennen. Derselbe geht in seinem Buche „De problematis physicis", worin er namentlich die Schwere und die Meeresflutwelle erklären will, auch auf die Quadratur des Zirkels ein und giebt eine sehr triviale Konstruktion, welche nach seiner Meinung das berühmte Problem endgültig löst, nach welcher aber π gleich $3\frac{1}{5}$ sein müsste. Bei der Bedeutung Hobbes' als Philosoph hielten es zwei Mathematiker, Huygens und Wallis, beide für angezeigt, Hobbes ausführlich zu widerlegen. Hobbes aber verteidigte seine Behauptungen in einer besonderen Schrift, worin er, um scheinbar Recht zu behalten, die Grundbegriffe der Geometrie und den Pythagoräischen Lehrsatz in Zweifel zog, sodass die Mathematiker über ihn zur Tagesordnung übergehen durften. Im vorigen Jahrhundert war namentlich Frankreich reich an Quadratoren. Wir nennen: Olivier de Serres, welcher mit Benutzung einer Wagschale bestimmte, dass ein Kreis ebensoviel wiege, wie das Quadrat über der Seite des dem Kreise einbeschriebenen gleichseitigen Dreiecks, dass also beide gleichen Inhalt haben müssten, ein Experiment, nach welchem $\pi = 3$ wäre; Mathulon, welcher gerichtlich tausend Thaler für denjenigen festsetzte, der ihm einen Fehler bei seiner Lösung der Quadratur nachwies, und der dann wirklich zur Zahlung des Geldes verurteilt wurde; Basselin, welcher glaubte, seine Quadratur müsste richtig sein, weil sie mit dem Näherungswert des Archimedes in Einklang war, und welcher die undankbare Mitwelt verfluchte, in der Hoffnung, von der Nachwelt anerkannt zu werden; Liger, welcher beweisen konnte, dass ein Teil grösser als das Ganze sei, und dem daher die Lösung der Quadratur des Zirkels nur ein Kinderspiel war; Clerget, welcher seine Lösung darauf gründete, dass der Kreis ein Polygon von bestimmter Seitenzahl sei, und der u. a. auch berechnete, wie gross der Punkt ist, in dem sich zwei Kreise berühren. Doch auch Deutschland und Polen stellten zu jener Zeit ihr Kontingent für das Heer der Quadratoren. Oberstleutnant Corsonich lieferte eine Quadratur, nach der $\pi = 3\frac{1}{8}$ sein müsste, und versprach 50 Dukaten demjenigen, der ihre Unrichtigkeit beweisen könnte. Hesse in Berlin verfasste 1776 ein Rechenbuch, in welchem auch eine wahre Zirkelquadratur „mitgeteilt wurde“, nach der π genau gleich $3\frac{14}{99}$ war. Um dieselbe Zeit verteidigte Professor Bischoff in Stettin eine Quadratur, die vorher von dem Rittmeister Leistner, von dem Prediger Merkel und von dem Schulmeister Böhm veröffentlicht war, und die implizite π gleich dem Quadrate von $\frac{62}{35}$ setzte, also noch nicht einmal die Annäherung des Archimedes erreichte.

Von derartigen Quadraturversuchen sind sehr wohl solche Näherungskonstruktionen zu unterscheiden, bei denen der Urheber sich bewusst ist, dass er keine mathematisch genaue, sondern nur eine angenäherte Konstruktion gefunden hat. Dann wird der Wert einer solchen Konstruktion von Zweierlei abhängen, erstens von dem in Zahlen ausgedrückten Genauigkeitsgrade, zweitens davon, ob die Konstruktion mehr oder weniger leicht mit Zirkel und Lineal ausgeführt werden kann. Derartige einfache und doch auch für die Praxis hinreichend genaue Konstruktionen sind seit Jahrhunderten in grosser Anzahl geliefert. Auch der berühmte Mathematiker Euler (gest. 1783) hat es nicht für unangemessen gehalten, eine solche Näherungskonstruktion zu liefern. Eine besonders einfache und auch in viele geometrische Lehrbücher übergegangene Konstruktion für die Rektifikation des Kreises wurde im Jahre 1685 in den „Leipziger Berichten“ von Kochansky geliefert. Dieselbe lautet: „Man errichte in den Endpunkten eines Durchmessers Lote auf demselben, trage im Centrum an den Durchmesser einen Winkel von 30° an, suche den Schnittpunkt des angetragenen Schenkels mit dem einen Lothe auf, und verbinde diesen Schnittpunkt mit dem Punkte, der auf dem andern Lote von dem zugehörigen Durchmesserendpunkt um den dreifachen Radius entfernt ist. Dann ist das Doppelte der erhaltenen Verbindungsstrecke mit grosser Annäherung gleich der Peripherie des betreffenden Kreises.“ Eine Berechnung ergiebt, dass der Unterschied zwischen der wahren Peripherielänge und der so konstruierten Strecke weniger als $\frac{3}{100000}$ vom Durchmesser beträgt. Wenngleich derartige Näherungskonstruktionen an sich ganz interessant sein können, so spielen sie doch in der Geschichte der Quadratur des Zirkels nur eine untergeordnete Rolle; denn einerseits können sie für die Kreisberechnung keine grössere Genauigkeit liefern, als die 35 Dezimalstellen, die Ludolf fand, andererseits sind sie aber auch nicht geeignet, die Frage, ob die genaue Quadratur des Kreises mit Zirkel und Lineal möglich sei, irgendwie zu fördern.

Wesentlich gefördert aber wurde die numerische Seite des Problems durch die von Newton und Leibniz ausgebildeten neueren Methoden, die man gewöhnlich unter dem Namen Differential- und Integralrechnung zusammenfasst. Um die Mitte des 17. Jahrhunderts, noch ehe Newton und Leibniz die Zahl π durch Potenzreihen darstellten, waren es die englischen Mathematiker Wallis und Lord Brouncker, in gewisser Beziehung Newtons Vorläufer, denen es gelang, π auf gesetzmässige Weise durch eine Reihe von unendlich vielen Zahlen darzustellen, die nur durch die vier Spezies mit einander verbunden waren. Damit war ein neuer Berechnungsweg eröffnet. Wallis fand nämlich, dass der vierte Teil von π um so genauer durch das gesetzmässig gebildete Produkt

$$\tfrac{2}{3} \times \tfrac{4}{3} \times \tfrac{4}{5} \times \tfrac{6}{5} \times \tfrac{6}{7} \times \tfrac{8}{7} \times \tfrac{8}{9} \times \text{u. s. w.}$$

dargestellt wird, je weiter man die Multiplikation fortsetzt und dass das Resultat immer etwas zu klein ausfällt, wenn man bei einem echten Bruche abbricht, zu gross aber, wenn man bei einem unechten Bruche die Rechnung abbricht. Lord Brouncker hingegen stellt dieselbe Zahl als einen Kettenbruch dar, in dem alle Nenner gleich 2 und die Zähler die ungeraden Quadratzahlen sind. Wallis, dem Brouncker sein elegantes Resultat ohne Beweis mitgeteilt hat, bewies dasselbe in seiner „Arithmetik des Unendlichen“. Mit diesen Resultaten konnte aber die Berechnung der Zahl π

kaum weitergeführt werden, als sie schon Ludolf und andere, freilich auf mühsamere Weise, geführt hatten. Dagegen lieferten die mit Hilfe der Differentialberechnung von Newton und Leibnitz abgeleiteten Potenzreihen die Mittel, um π auf Hunderte von Dezimalstellen zu berechnen. Zunächst fanden Gregory, Newton und Leibnitz, dass der vierte Teil von π genau gleich

$$1 - \tfrac{1}{3} + \tfrac{1}{5} - \tfrac{1}{7} + \tfrac{1}{9} - \tfrac{1}{11} + \tfrac{1}{13} - \ldots.$$

ist, wenn man sich diese Reihe, die man die Leibnitzsche nennt, unaufhörlich fortgesetzt denkt. Zwar ist diese Reihe wunderbar einfach, aber zur Berechnung von π eignet sie sich nicht, weil man gar zu viele Glieder berücksichtigen muss, um π auch nur auf einige Dezimalstellen genau zu erhalten. Wohl aber ergiebt die Quelle, aus welcher die obige Reihe fliesst, auch noch andere Reihen, welche für die wirkliche Berechnung vorzüglich geeignet sind. Diese Quelle ist die allgemeine Reihe:

$$\alpha = a - \tfrac{1}{3}a^3 + \tfrac{1}{5}a^5 - \tfrac{1}{7}a^7 + \ldots,$$

wo α die Länge des Bogens ist, der in einem Kreise vom Radius 1 einem beliebigen Centriwinkel zugehört, und wo a die diesem Winkel zugehörige Tangente ist. Hieraus folgt zunächst:

$$\frac{\pi}{4} = (a + b + c + \ldots) - \tfrac{1}{3}(a^3 + b^3 + c^3 + \ldots)$$
$$+ \tfrac{1}{5}(a^5 + b^5 + c^5 + \ldots) - \ldots,$$

wo a, b, c ... die Tangenten von Winkeln sind, deren Summe 45° beträgt. Bestimmt man daher Werte von a, b, c ..., welche gleich kleinen und bequemen Brüchen sind und die eben angegebene Bedingung erfüllen, so erhält man Potenzreihen, die sich zur Berechnung von π eignen. Der erste, welcher mit Hilfe solcher Reihen den bekannten 35 Dezimalstellen von π noch weitere hinzufügen konnte, war der englische Rechenkünstler Abraham Sharp, der um 1700, nach Halleys Anweisung, π bis auf 72 Dezimalen berechnete. Wenig später berechnete Machin, Professor der Astronomie in London, π auf 100 Stellen, indem er in der obigen Reihe $a = b = c = d = \frac{1}{5}$ und $e = -\frac{1}{239}$ setzte, d. h. die folgende Reihe anwandte:

$$\frac{\pi}{4} = 4.\left[\frac{1}{5} - \frac{1}{3.5^3} + \frac{1}{5.5^5} - \frac{1}{7.5^7} + \dots\right]$$
$$- \left[\frac{1}{239} - \frac{1}{3.239^3} + \frac{1}{5.239^5} - \dots\right]$$

Im Jahre 1819 überbot Lagny in Paris die Machinsche Berechnung, indem er auf zwei verschiedenen Wegen die ersten 127 Dezimalstellen von π bestimmte. Vega kam dann weiter bis auf 140 Stellen, und der Hamburger Rechenkünstler Zacharias Dase bis auf 200 Stellen. Letzterer rechnete nicht nach der Machinschen Reihe, sondern nach der Reihe, die entsteht, wenn man in der obigen allgemeinen Reihe $a = \frac{1}{2}$, $b = \frac{1}{5}$, $c = \frac{1}{8}$ setzt. Endlich hat man in neuester Zeit die Zahl π gar auf 700 Stellen berechnet. Dass eine Berechnung von so vielen Stellen einen Genauigkeitsgrad hat, von dem man sich nur durch eigenartige Beispiele eine Vorstellung machen kann, ist schon in § 4 des I. Bandes bei den „sehr grossen Zahlen“ besprochen.

Für die ersten 30 Dezimalstellen besitzen die Franzosen einen Merkvers, der durch die Zahl der Buchstaben der aufeinander folgenden Worte der Reihe nach die Dezimalstellen der Zahl π darstellt. Dieser Merkvers lautet:

Que j'aime à faire apprendre un nombre utile
aux sages!
Immortel Archimède, antique ingénieux!
Qui de ton jugement peut priser la valeur?
Pour moi ton problème eut de parails avantages.

Hiernach ist π gleich:

3,141592653589793238462643383279 ...

Ehe wir das Kapitel der Auswertung der Zahl π schliessen, müssen wir noch die weniger ergiebige als kuriose Methode erwähnen, welche Professor Wolff in Zürich vor einigen Dezennien angewandt hat, um π auf 3 Stellen zu berechnen. Ein Fussboden sei schachbrettartig in lauter gleiche quadratische Felder zerlegt, und es werde eine Nadel, die so lang ist, wie die Seite jedes quadratischen Feldes, auf diesen Fussboden ziellos hingeworfen. Berechnet man dann die Wahrscheinlichkeit, dass die Nadel ganz innerhalb eines Feldes zu liegen kommt, ohne also irgend eine von den die Felder bildenden Parallelen zu schneiden, so ergiebt sich für diese Wahrscheinlichkeit genau $\pi - 3$. Demgemäss müsste ein hinreichend oft wiederholtes Werfen der Nadel nach dem Gesetz der grossen Zahlen die Zahl π näherungsweise ergeben. In der That erhielt Herr Wolff nach zehntausend Versuchen die Zahl π auf drei Dezimalstellen richtig.

Wie fruchtbar auch der von Newton und Leibnitz geschaffene Kalkül für die Auswertung der Zahl π war, so war doch damit die Aufgabe, einen Kreis in ein genau inhaltsgleiches Quadrat zu verwandeln, vorläufig in keiner Weise gefördert. Das erkannten Wallis, Newton, Leibnitz und ihre nächsten Nachfolger sehr wohl. Man konnte die Quadratur des Kreises nicht lösen; man konnte aber auch nicht beweisen, dass die Aufgabe mit Zirkel und Lineal unlösbar sei, obwohl man von ihrer Unlösbarkeit überzeugt war. Da aber in der Mathematik eine Überzeugung nur dann berechtigt ist, wenn sie durch einen unumstösslichen Beweis gestützt wird, so traten nun an die Stelle der Bemühungen um die Quadratur des Kreises die Bemühungen um einen Unlösbarkeitsbeweis für die berühmte Aufgabe. Den ersten, wenn auch noch kleinen Schritt in dieser Richtung machte der Mathematiker Lambert, der im Jahre 1761 bewies, dass die Zahl π weder rational sei, noch auch die Quadratwurzel aus einer rationalen Zahl sei, d. h., dass weder π noch das Quadrat von π genau durch einen Bruch dargestellt werden kann, in dessen Zähler und Nenner ganze Zahlen stehen, wie gross man auch diese Zahlen wählen mag. Dieser Lambertsche Beweis ergab zwar, dass die Rektifikation und die Quadratur des Kreises in einer gewissen einfachen Weise nicht ausführbar sein können, liess aber doch noch die Möglichkeit offen, dass die Aufgabe vielleicht auf andere, kompliziertere Weise lösbar sei, ohne dass weitere Hilfsmittel als Zirkel und Lineal erforderlich wären. Langsam, aber sicher vorwärts schreitend, suchte man nun zunächst die wesentlichen Unterscheidungsmerkmale, welche die mit Zirkel und Lineal lösbaren Aufgaben von denjenigen trennen, deren Konstruktion elementar, d. h. bei alleiniger Benutzung der Postulate, unmöglich ist. Eine leichte Überlegung ergab, dass eine elementar lösbare Aufgabe immer die Eigenschaft haben muss, dass jede unbekannte Strecke in der auf eine solche Aufgabe bezüglichen Figur mit den bekannten Strecken der Figur durch eine Gleichung verbunden sein muss, zu deren Lösung nur Gleichungen ersten und zweiten Grades erforderlich sind, und die sich überdies so einrichten lässt, dass darin die Masszahlen der bekannten Strecken nur als ganze Zahlen auftreten. Hieraus konnte man den Schluss ziehen: Wenn die Quadratur des Kreises, also auch seine Rektifikation, elementar lösbar wäre, so müsste die Zahl π, welche ja das Verhältnis der unbekannten Peripherie zum bekannten Durchmesser darstellt, auch Wurzel einer gewissen Gleichung sein können, die vielleicht sehr hohen Grades ist, in der aber alle auftretenden Zahlen ganze Zahlen sind, d. h. es müsste eine Gleichung mit lauter ganzen Zahlen existieren, die richtig wird, wenn man ihre Unbekannte gleich π setzt. Demgemäss waren seit Anfang dieses Jahrhunderts die Bemühungen mehrerer Mathematiker darauf gerichtet, zu beweisen, dass π überhaupt nicht algebraisch sei, d. h. nicht Wurzel irgend einer Gleichung mit ganzzahligen Koeffizienten sein könne. Aber gewaltige Fortschritte musste die Mathematik erst machen, ehe die Mittel vorhanden waren, um den angestrebten

Beweis zu führen. Nachdem der französische Akademiker Professor Hermite durch seine im 77. Bande der Comptes rendus veröffentlichte Abhandlung „Sur la fonction exponentielle“ eine wichtige Vorarbeit geliefert hatte, gelang es endlich im Juni 1882 dem Professor Lindemann, damals in Freiburg, jetzt in München, streng zu beweisen, dass die Zahl π nicht algebraisch sei,*)

*) Für die mathematisch gebildeten Leser führe ich hier die wichtigsten Etappen des Lindemannschen Beweises an. Herr Hermite hatte, um den transcendenten Charakter der Zahl

$$e = 1 + \frac{1}{1} + \frac{1}{1.2} + \frac{1}{1.2.3} + \frac{1}{1.2.3.4} + \dots$$

zu beweisen, in den Comptes rendus der Pariser Akademie (Band 77, 1873) Beziehungen zwischen gewissen bestimmten Integralen entwickelt. Von diesen Beziehungen ausgehend, beweist Herr Lindemann zunächst den folgenden Satz: Wenn die Koeffizienten einer Gleichung n-ten Grades sämtlich reelle oder komplexe ganze Zahlen sind, und die n Wurzeln dieser Gleichung $z_1, z_2, \dots, z_n$ von Null und voneinander verschieden sind, so ist es unmöglich, dass

$$e^{z_1} + e^{z_2} + e^{z_3} \dots + e^{z_n}$$

gleich $\frac{a}{b}$ ist, wo a und b reelle oder komplexe ganze Zahlen sind. Darauf wird gezeigt, dass auch zwischen den Funktionen

$$e^{rz_1} + e^{rz_2} + e^{rz_3} + \dots e^{rz_n},$$

wo r eine ganze Zahl bedeutet, keine lineare Gleichung mit rationalen, von Null verschiedenen Koeffizienten bestehen kann. Schliesslich ergiebt sich dann der hübsche Satz: Wenn z Wurzel einer irreduzibeln algebraischen Gleichung ist, deren Koeffizienten reelle oder komplexe ganze Zahlen sind, so kann e^z nicht gleich einer rationalen Zahl sein. Nun ist aber thatsächlich $e^{\pi\sqrt{-1}}$ gleich einer rationalen und dadurch auch den ersten Nachweis zu führen, dass die Aufgaben der Rektifikation und der Quadratur des Kreises mit Hilfe von nur algebraischen Hilfsmitteln, wie es Zirkel und Lineal sind, unlösbar sein müssen. Lindemanns Beweis erschien nacheinander in den Berichten der Berliner Akademie (Juni 1882), in den Comptes rendus der französischen Akademie (Band 115, S. 72—74) und in den „Mathematischen Annalen" (Band 20, S. 213—225). Inzwischen sind von mehreren Mathematikern noch weitere und einfachere Beweise geliefert.

„Es ist unmöglich, mit Zirkel und Lineal ein Quadrat zu konstruieren, das einem gegebenen Kreise inhaltsgleich ist." So lautet die schliessliche Entscheidung über eine Streitfrage, die so alt ist wie die Geschichte des menschlichen Geistes. Aber unbekümmert um diesen Urteilsspruch der Mathematik, des unfehlbarsten Schiedsrichters, wird das Geschlecht der Quadratoren nicht aussterben, solange Halbwisserei und Ruhmsucht sich paaren.

Zahl, nämlich gleich minus eins. Folglich kann $\pi\sqrt{-1}$ und deshalb auch π nicht Wurzel einer Gleichung n-ten Grades mit ganzzahligen Koeffizienten sein. Letztere Eigenschaft hätte ja aber π, wenn die Quadratur des Kreises mit Zirkel und Lineal gelingen könnte.

§ 8.

Das delische Problem.

Ausser der in § 7 ausführlich behandelten „Quadratur des Kreises“ beschäftigten sich die griechischen Mathematiker vorzugsweise noch mit zwei Problemen, die gleichfalls bei alleiniger Anwendung der fünf Postulate (§ 7) unlösbar sind, Das eine dieser beiden Probleme ist das „delische Problem“, das andere die „Trisektion des Winkels“.

Das delische Problem verlangt, dass man aus der als gegeben vorausgesetzten Kante eines Würfels die Kante eines neuen Würfels konstruieren soll, dessen Volumen gerade doppelt so gross sein soll, als das Volumen des ursprünglichen Würfels. Nach einer Erzählung der Griechen soll dieses Problem einer Pest, die auf der Insel Delos wütete, seinen Ursprung verdanken. Die Deler sollen bei dem Orakel des Apollo angefragt haben, was sie zu thun hätten, um das Erlöschen der Pest herbeizuführen. Das Orakel soll dann die Antwort erteilt haben, die Deler müssten den würfelförmigen Altar des Apollo doppelt so gross machen, als er ist, ohne aber dabei die Würfelgestalt zu ändern. Darauf sollen die Deler in ihrer Ratlosigkeit bei Plato angefragt haben, wie das zu machen sei.

Plato habe dann eine mechanische Lösung gegeben. Wenn der alte Würfel die Kantenlänge a, der neue die Kantenlänge x hat, so muss sein:

$$x^3 = 2 . a^3$$

oder:

$$x = a . \sqrt[3]{2} = a . 1,26.$$

Da die dritte Potenz von 1,26 ganz wenig grösser als 2 ist, so wird man praktisch nicht fehl gehen, wenn man die Kante des doppelt so langen Würfels $\frac{126}{100}$ oder $\frac{63}{50}$ mal so gross macht, als die Kante des ursprünglichen Würfels. Eine derartige numerische Lösung war nun aber bei dem Probleme nicht gemeint, sondern die griechischen Mathematiker bemühten sich, aus der alten Kantenlänge die neue durch eine in der Ebene ausgeführte Konstruktion herzustellen, bei welcher keine andern Hilfsmittel, als Lineal, Zirkel und Schnittpunktauffindung angewandt werden sollten. Diese Bemühungen mussten vergeblich sein, weil, wie wir jetzt wissen, eine Aufgabe mit diesen Hilfsmitteln nur dann lösbar ist, wenn sie, bei algebraischer Behandlung auf Gleichungen führt, die sich mit alleiniger Hilfe von Gleichungen ersten und zweiten Grades lösen lassen. Die Gleichung:

$$x^3 = 2a^3$$

ist aber dritten Grades, und es ist unmöglich, sie ohne Anwendung von dritten Wurzeln zu lösen. Schon die alten Griechen hatten die Lösung des Problems auf die Lösung der doppelten Proportion:

$$a : x = x : y = y : 2a$$

zurückgeführt. In der That folgt hieraus:

$$x^2 = ay$$
$$y^2 = 2ax,$$

woraus man erschliessen kann:

$$x^4 = a^2 (2ax) = 2a^3 x$$

oder:

$$x^3 = 2a^3.$$

Nun sind aber die beiden Gleichungen $x^2 = ay$ und $y^2 = 2ax$ die Gleichungen zweier Parabeln mit rechtwinklig zu einander liegenden Achen und mit den Parametern $\frac{a}{2}$ und a. Wer also imstande ist, aus Scheitel, Achse und Parameter eine Parabel zu konstruieren, kann auch das delische Problem lösen. Da nun aus dem Altertum berichtet wird, Menächmus habe das delische Problem mit Hilfe von Kegelschnitten gelöst, so ist anzunehmen, dass er es mit Hilfe der oben genannten Parabeln gelöst hat. Auf karriertem Papier lassen sich benachbarte Punkte einer Parabel leicht konstruieren, und man gewinnt dann durch Verbindung dieser Punkte eine ungefähre Vorstellung von dem Laufe der Kurve. Hat man sich auf solche Weise den Lauf der Parabeln verdeutlicht, deren Gleichungen

$$x^2 = ay \text{ oder } y = \frac{x^2}{a}$$

und:

$$y^2 = 2ax \text{ oder } x = \frac{y^2}{2a}$$

sind, so giebt das x ihres Schnittpunkts die Lösung des delischen Problems, wie die Fig. 1 zeigt:

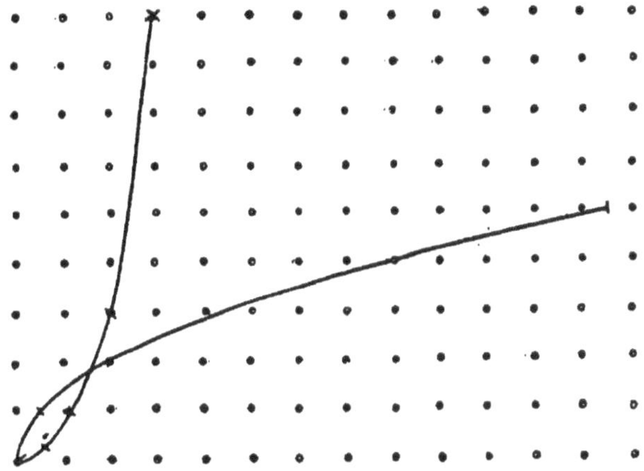

Figur 1.

§ 9.

Die Trisektion des Winkels.

Mit dem Probleme, einen beliebigen Winkel mit Zirkel und Lineal in drei gleiche Teile zu teilen, beschäftigten sich schon die alten Griechen. Seitdem hat das Problem nicht aufgehört, Bearbeiter zu finden. Der Anfänger, der eingesehen hat, dass die Verbindungslinie der Spitze eines gleichschenkligen Dreiecks mit der Mitte der Basis den Winkel an der Spitze halbiert, und dass deshalb die Halbierung eines beliebigen Winkels sehr leicht gelingt, möchte nun auch gern die Trisektion des Winkels bewerkstelligen. Er erkennt bald, dass die folgende, am nächsten liegende Konstruktion falsch sein muss. Man beschreibe um den Scheitel des gegebenen Winkels mit beliebigem Radius einen Kreis, der die Schenkel in zwei Punkten schneidet, die man geradlinigt verbinde. Die erhaltene Verbindungslinie teile man in drei gleiche Teile und verbinde die Teilpunkte mit dem Scheitel. Dann wird der Winkel in drei Teile geteilt. Es lässt sich dann aber leicht beweisen, dass nur die beiden äusseren der drei Teile gleich sind, dass aber der mittlere Teil immer grösser ist, als jeder der beiden äusseren. Das Problem der Trisektion des Winkels kann also auf solche Weise nicht gelöst werden. Wer nun schon weiss, dass die Lösung einer Konstruktionsaufgabe durch Überlegungen gefunden werden kann, welche an einer Figur angestellt werden, in der das Gesuchte schon als gefunden angesehen wird, der wird von der Annahme ausgehen, als ob die beiden Trisektionslinien schon gefunden wären. Er wird dann um den Scheitel O des gegebenen Winkels einen Kreis beschreiben, der die Schenkel in A und B, die Trisektionslinien in C und D schneiden, und die entstandene Figur näheren Erwägungen unterziehen. (Fig. 1.) Die Schnittpunkte von O C mit A B und von

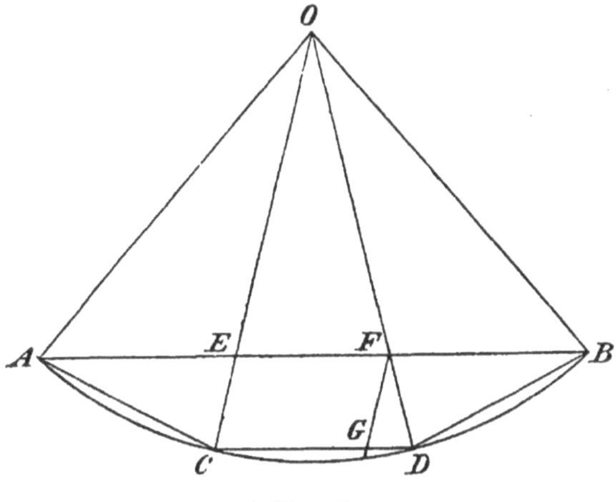

Figur 1.

O D mit A B mögen E und F heissen. Man erkennt nun freilich, dass die Sehnen A C, C D, D B gleich sein müssen, weil sie zu gleichen Zentriwinkeln gehören. Eine weitere Betrachtung der Figur führt dann auch zu der Erkenntnis, dass jede dieser drei Sehnen auch gleich dem Abschnitt A E und dem Abschnitt B F sein muss, dass aber der Abschnitt E F kleiner sein muss, als jede der fünf erwähnten Strecken. Gelingt es einem nun nicht, auf rein geometrische Weise geeignete Mittel zur Konstruktion aufzufinden, so beschreitet man den algebraischen Weg, indem man zunächst die als bekannt anzusehenden Strecken $OA = OB$ und AB mit r und a bezeichnet, die als unbekannt anzusehende Strecke $AC = CD = DB = AE = BF$ mit x bezeichnet, und nun eine Gleichung zwischen a, r und x zu bilden trachtet. Dies gelingt am besten dadurch, dass man noch durch F die EC parallele und gleiche Strecke FG zieht, und dann aus der Ähnlichkeit der Dreiecke FGD und OCD die Proportion erschliesst:

$$\frac{FG}{GD} = \frac{OD}{CD}$$

oder:

$$\frac{FG}{x - (a - 2x)} = \frac{r}{x}.$$

Eine zweite Proportion erhält man aus der Ähnlichkeit des Dreiecks AEC mit OCD, nämlich:

$$\frac{AE}{EC} = \frac{OD}{CD}$$

oder:

$$\frac{x}{FG} = \frac{r}{x}.$$

Durch Multiplikation der beiden erhaltene Proportionen erhält man eine Gleichung, die man a, r und x erhält. Dieselbe lautet:

$$\frac{x}{3x - a} = \frac{r^2}{x^2}$$

oder:

$$x^3 - 3r^2x + ar^2 = 0.$$

Ein Mathematiker, der auf diese Gleichung stösst, weiss nun sofort, dass das Problem der Trisektion des Winkels mit Zirkel und Lineal unlösbar sein muss. Denn nur solche Aufgaben sind mit diesen Mitteln lösbar, welche bei algebraischer Behandlung auf Gleichungen führen, deren Lösung allein von Gleichungen ersten und zweiten Grades abhängt. Die erhaltene Gleichung dritten Grades erfüllt aber diese Bedingung nicht. Wollte man sie rechnerisch lösen, so müsste man dabei den dritten Teil eines Winkels finden, der entweder dem ursprünglichen Winkel gleich ist oder in einfachster Weise von ihm abhängt. Die Trisektion des Winkels führt also auf eine Gleichung dritten Grades, deren konstruktive Lösung wiederum die Trisektion eines Winkels verlangt. Hiernach müssen alle Bemühungen, mit Zirkel und Lineal das Problem lösen zu wollen, erfolglos sein.

Bei den obigen Betrachtungen war immer vorausgesetzt, dass der gegebene Winkel eine beliebige Grösse hatte. Winkel von bestimmter Grösse kann man in vielen Fällen mit Zirkel und Lineal in drei gleiche Teile teilen. Beispielsweise kann man mit diesen Mitteln jeden Winkel in drei gleiche Teile teilen, der gleich einer durch 9 teilbaren ganzen Zahl von Graden ist, und zwar deshalb, weil man jeden Winkel konstruieren kann, der 3 n Grad beträgt, wo n eine ganze Zahl ist.

Dies kann man auf folgende Weise einsehen. Durch die auf dem goldenen Schnitt (§ 4) beruhende Zehnteilung des Kreises gelingt die Konstruktion eines Winkels von 36 Grad. Nun kann man aber auch einen Winkel von 60 Grad konstruieren, also auch die Differenz beider, d. h. 24 Grad. Demnach ist durch fortgesetzte Halbierung auch ein Winkel von 3 Grad konstruierbar, also auch jedes Vielfache von 3 Grad, d. h. 3 n Grad.

Sobald man, ausser Zirkel und Lineal, noch andere Hilfsmittel zulässt, ist das Problem der Trisektion des Winkels auf mannigfache Weise lösbar. Gestattet man z. B. die Konstruktion einer Parabel und einer gleichseitigen Hyperbel, so kann die Trisektion des Winkels dadurch gelöst werden, dass man die gleichseitige Hyperbel, deren Gleichung $xy = r^2$ ist, mit der Parabel, deren Gleichung $x^2 = 3r^2 - ay$ ist, zum Schnitt bringt. Das x des Schnittpunkts ist das x der obigen Gleichung dritten Grades, löst also ohne weiteres die Trisektion. Eleganter sind solche Lösungen, bei denen ein anderes Hilfsmittel auftritt, als eine solche Hilfskurve. Grosse teilt in seinen „Unterhaltenden Problemen und Spielen“ eine solche Lösung mit, die wir hier in etwas vereinfachter Gestalt wiedergeben wollen:

Man beschreibe um einen beliebigen Punkt M des einen Schenkels des gegebenen Winkels einen Kreis, der durch den Scheitel A hindurchgeht, ziehe ferner durch M die Parallele zum andern Schenkel und vom Scheitel aus einen solchen Strahl, dass der Abschnitt zwischen dem Kreise und der Parallele gleich dem Radius des Kreises wird. Dann teilt dieser Strahl den Winkel im Verhältnis 1 zu 2, ist also eine der gesuchten Trisektionslinien, wie aus der Fig. 2 ersichtlich ist:

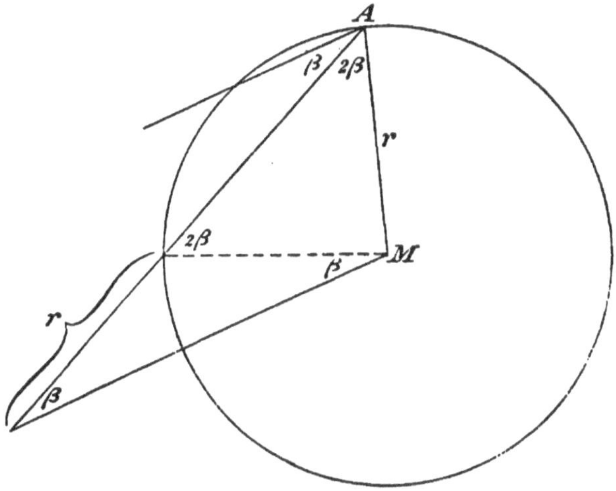

Figur 2.

Das Problem der Trisektion des Winkels ist hiermit zurückgeführt auf das Problem, von einem Punkte A eines Kreises aus einen Strahl so zu ziehen, dass der Abschnitt, der auf ihm zwischen der Peripherie und einer der Lage nach gegebenen geraden Linie gebildet wird, gleich einer gegebenen Strecke werde. Natürlich ist auch dieses Problem mit Zirkel und Lineal nicht lösbar. Zwar kann man seine Lösung leicht durch Probieren finden, nicht aber lediglich durch alleinige Anwendung der fünf Postulate, welche in § 8 aufgeführt sind.

§ 10.

Die vierte Dimension.

A. Einleitung.

Die Verallgemeinerungssucht der Mathematiker hatte dieselben schon seit langer Zeit dahin geführt, den Begriff des unsern Vorstellungen zugänglichen dreidimensionalen Raums zu erweitern und Punktmengen oder Räume von mehr als drei Dimensionen zu definieren, lediglich zu dem Zwecke, die dadurch erreichten allgemeineren Definitionen als erfolgreiche Forschungsmittel zu benutzen. Dabei verlangten die Mathematiker keineswegs, dass sich jemand vierdimensionale Gebilde wirklich vorstellen sollte oder gar an die Existenz eines vierdimensionalen Raums glauben sollte. In der Hand der Mathematiker war die Ausdehnung des Raumbegriffs nur ein Mittel, um auf bequeme Weise Wahrheiten zu entdecken oder zu formulieren, die sich auf algebraische Beziehungen mit mehr als drei Variabeln beziehen. Da aber kamen die Spiritisten und bemächtigten sich des vierdimensionalen Raums, indem sie dieses Forschungsmittel der Mathematiker als etwas Wirkliches ansahen. Die Spiritisten waren in grosser Verlegenheit darüber, wo sie die Geister der Verstorbenen wohnen lassen sollten. Es ging doch nicht gut, ihnen in der unsern Sinnen zugänglichen Welt einen Platz anzuweisen. Sie mussten also nach einer terra incognita suchen, einem Gebiete, das durch eine unübersteigbare Schranke von allem abgetrennt war, was der menschlichen Forschung zugänglich war oder werden konnte. Der Wohnsitz der Geister musste ausserhalb des Geltungsbereichs der Naturgesetze liegen, musste etwas Mysteriöses sein, wohin der menschliche Verstand nie vordringen konnte. Diese Eigenschaft besass aber der vierdimensionale Raum der Mathematiker. Mit einer in den Naturwissenschaften unbekannten Kühnheit behaupteten die Spiritisten dreierlei. Erstens, die sichtbare Welt liegt in einer vierdimensionalen Welt, wie eine Ebene etwa in unserm Raume liegt. Zweitens die Geister der Verstorbenen bewohnen diese vierdimensionale Welt. Drittens, die Geister können demgemäss auf die dreidimensionale Welt und insbesondere auf die dieselbe bewohnenden Menschen einwirken, genau so, wie wir dreidimensionale Wesen auf zweidimensionale Dinge Wirkungen ausüben können, indem wir z. B. auf eine Eisfläche treten und so eine vielleicht auf der Eisfläche vorhandene zweidimensionale Welt beeinflussen können.

Seitdem der Spiritismus, unter der Führerschaft des seitdem verstorbenen Leipziger Professors Zöllner, die Existenz eines vierdimensionalen Raums proklamierte, ist dieser Begriff, der bis dahin nur in den Köpfen der Mathematiker war, auch in die Köpfe der Laien übergegangen, und dient denselben als Schlagwort, obwohl sie selten wissen, was „vierdimensionaler Raum" oder, wie die Laien zu sagen pflegen, „vierte Dimension" überhaupt bedeutet. Deshalb ist es wünschenswert, dass dieser Begriff in meinen „Mathematischen Mussestunden“ beleuchtet wird. Einen Artikel über denselben Gegenstand veröffentlichte ich 1889 in der Zeitschrift „The Monist“, nachdem schon vorher Viktor Schlegel (Berlin 1888) und Cranz (Virchow-Holtzendorffs Sammlung, No. 112 u. 113) über die sogenannte „Vierte Dimension“ aufklärende Abhandlungen geschrieben hatten.

B. Begriff der Dimension.

Manche Stereometriebücher beginnen mit den Worten: „Jeder Körper hat drei Dimensionen, Länge, Breite und Dicke.“ Wenn wir den Verfasser eines solchen Buches fragen würden, was denn bei einem Gummiball oder einem Schwamm oder einer Wolke Länge, Breite und Dicke sei, würde er in Verlegenheit geraten und vielleicht sagen, er habe das anders gemeint. Eine überall rechtwinklige Kiste oder überhaupt ein Körper, der von sechs Rechtecken begrenzt wird, ist der einzige Körper, von dem man füglich behaupten kann, dass in ihm drei Hauptrichtungen unterschieden werden können, von denen man die eine Länge, eine zweite Breite, und die dritte Dicke nennen kann. Man sieht hieraus, dass die „Länge, Breite und Dicke“ nicht klar und allgemein genug sind, um daraus abzuleiten, was es heisst, dass jeder Körper drei Dimensonen hat und dass der Weltenraum dreidimensional ist. Dagegen wird dieser Begriff durch die folgenden Betrachtungen klar gelegt.

Wir denken uns eine gerade Linie, auf derselben einen Punkt, und stellen uns die Aufgabe, die Lage dieses Punktes auf der geraden Linie in unzweideutiger

Weis festzustellen. Der einfachste Weg zur Lösung dieser Aufgabe besteht darin, anzugeben, wieweit der Punkt in der einen oder in der andern Richtung von irgend einem festen Punkt der geraden Linie entfernt ist; gerade so wie bei einem Thermometer die Lage der Quecksilberoberfläche durch die nach oben oder nach unten hin gemessene Entfernung vom Gefrierpunkt festgestellt wird. Um also die Lage eines Punktes auf einer geraden Linie anzugeben, haben wir nur eine einzige Zahlangabe nötig, nachdem eine Masseinheit beliebig angenommen ist, nachdem zweitens ein Nullpunkt festgelegt ist, und nachdem drittens gesagt ist, in welcher von den beiden Richtungen ein Punkt liegen muss, damit die ihm zugehörige Zahl positiv bezw. negativ sei. Die Thatsache nun, dass eine einzige Zahlangabe notwendig und hinreichend ist, um die Lage eines Punktes auf einer graden Linie festzustellen, ist der wahre Grund dafür, warum wir die Gesamtheit aller Punkte einer geraden Linie selbst, oder irgend einen Teil von ihr eindimensional nennen.

Allgemeiner nennen wir „eindimensional" jede Gesamtheit von unendlich vielen Dingen, bei welcher eine einzige Zahlangabe ausreicht, um eins von diesen Dingen aus der Gesamtheit herauszuheben. So ist also auch die Zeit eindimensional. Wir Erdbewohner haben natürlich als Masseinheit der Zeit diejenige Zeit gewählt, welche die Erde zu einer Umdrehung um ihre Achse braucht, oder einen bestimmten Teil dieser Zeit, wie die Sekunde. Als Nullpunkt der Zeit betrachtet man in christlichen Ländern den Anfang des Jahres, das auf das Geburtsjahr Christi folgte, als positiv sieht man die darauf folgenden, als negativ die vorhergehenden Zeitpunkte an. Nachdem dies festgestellt ist, ist die Angabe einer einzigen Zahl ausreichend, um aus den unzählig vielen Zeitpunkten einen bestimmten zu fixieren. Diese Zahl braucht natürlich keine ganze zu sein, sondern sie kann auch die Summe einer ganzen Zahl und eines Bruches sein, in dessen Zähler und Nenner beliebig grosse Zahlen stehen. Deshalb kann man auch sagen, dass die Gesamtheit aller denkbaren Zahlenwerte oder auch nur derer, die grösser bezw. kleiner sind, als eine bestimmte Zahl eine eindimensionale Menge darstellt.

Wir fügen noch einige Beispiele von eindimensionalen Gesamtheiten aus der Geometrie hinzu. So ist die Gesamtheit der Punkte einer Kreisperipherie oder auch jeder beliebigen begrenzten oder unbegrenzten Linie eindimensional. Ferner ist die Gesamtheit aller auf derselben Basis stehenden gleichschenkligen Dreiecke eindimensional. Auch ist eindimensional die Gesamtheit aller Kreise, welche durch zwei Punkte hindurchgehen, sowie die Gesamtheit aller Würfel, wenn es nicht auf deren Lage im Raume, sondern nur auf deren Grösse ankommt.

Im Einklang mit dem soeben erörterten Begriff eindimensionaler Mengen, werden wir zweidimensional solche Mengen nennen, bei denen zwei Zahlangaben notwendig und hinreichend sind, um ein bestimmtes Individuum aus der Menge zu kennzeichnen. Die einfachste zweidimensionale Menge ist die Gesamtheit der in einer Ebene liegenden Punkte. Um genau einen bestimmten Punkt einer Ebene zu bezeichnen, verfährt man am einfachsten, wenn man in der Ebene zwei zu einander rechtwinklige Achsen annimmt, und dann die beiden Entfernungen angiebt, die jener Punkt von den beiden Axen hat. Diese Methode, die Lage eines Punktes in einer Ebene zu bestimmen, gab dem berühmten Philosophen und Mathematiker Cartesius den grundlegenden Gedanken für einen neuen Zweig der Geometrie ein, die analytische Geometrie. In dieser gehören jedem Punkte einer Ebene zwei Zahlenwerte zu, nämlich diejenigen, welche angeben, wieviel Masseinheiten der Punkt von zwei angenommenen senkrechten Achsen entfernt ist. Hierdurch lässt sich dann jede geometrische Betrachtung in eine algebraische umwandeln. Auch alle graphischen Darstellungen, bei welchen die Veränderlichkeit einer Erscheinung in ihrer Abhängigkeit von der Zeit zum Ausdruck gelangt, benutzen den Umstand, dass die Gesamtheit aller Punkte einer Ebene zweidimensional ist. Um z. B. die Zunahme der Bevölkerung einer Stadt graphisch darzustellen, nehmen wir eine horizontale Achse an, um auf ihr die Zeitpunkte abzubilden, und eine vertikale Achse, um auf ihr die Bevölkerungsziffer darzustellen: Gleichweit abstehende Punkte der horizontalen Achse entsprechen dann den aufeinander folgenden Jahren. Durch diese Punkte zieht man Parallele zur vertikalen Achse, und trägt auf diese von den Zeitpunkten aus Strecken ab, die sich in ihren Längen wie die Bevölkerungszahlen verhalten, wobei man eine bestimmte Länge etwa 1000 Einwohnern entsprechen lässt. Dann geben die Endpunkte der Abtragungen in ihrer Gesamtheit ein Bild von der Veränderung der Bevölkerungszahlen. Das

Cartesische Achsenkreuz wird ferner benutzt, um die Abhängigkeit des Luftdrucks von der Zeit darzustellen. Dadurch entstehen die in den Schaufenstern der Optiker ausgestellten Barometerkurven.

Nicht allein die Ebene, sondern auch jede beliebige krumme Fläche enthält eine zweidimensionale Punktmenge, beispielsweise auch die Erdoberfläche. Bei dieser ergeben die geographische Breite und Länge die beiden Zahlen, die zur Feststellung der Lage eines Punktes notwendig sind. Da die Ebene zweidimensional ist, so muss es auch jeder Strahlenbündel sein, d. h. die Gesamtheit aller Strahlen, die durch einen Punkt P im Raume gehen. Denn jeder solcher Strahl schneidet eine beliebig angenommene Ebene in einem Punkte, und umgekehrt gehört jedem Punkte der Ebene ein Strahl durch P zu, nämlich der Strahl, der ihn mit P verbindet. Die einzelnen Elemente einer in einer Ebene gelegenen Punktmenge und eines Strahlenbündels entsprechen sich also so, dass jedem Element des eines Gebildes ein Element des andern und umgekehrt entspricht. Also muss die Gesamtheit der Strahlen, die durch einen Punkt P im Raume gehen, ebenso wie die Gesamtheit der Punkte einer Ebene zweidimensional sein.

Nach diesen Erörterungen über ein- und zweidimensionale Gesamtheiten können wir folgende allgemeinere Definition aufstellen. Eine Gesamtheit von unzählig vielen Elementen heisst n-dimensional, wenn n Zahlen notwendig und hinreichend sind, um ein einzelnes Element aus der Gesamtheit aller zu bestimmen.

Demgemäss ist der Weltenraum dreidimensional. Um uns in diesem Raum zu orientieren, und um die Lage jedes seiner Punkte genau angeben zu können, legen wir durch einen beliebig gewählten Punkt als Nullpunkt drei zu einander senkrechte Achsen, die erste von links nach rechts, die zweite von hinten nach vorn, die dritte von unten nach oben. Je zwei von diesen Achsen verbinden wir dann durch eine Ebene. So erhalten wir drei Ebenen, und die drei positiv und negativ gerechneten Entfernungen jedes beliebigen Punktes von diesen Ebenen fixieren in genauester Weise die Lage dieses Punktes. Es ist üblich, die Zahlen, welche diese drei Entfernungen ausdrücken, mit x, y, z zu bezeichnen, und x, y, z als positiv anzusehen, wenn der betreffende Punkt nach links bezw. nach vorn, bezw. nach oben liegt, immer vom Nullpunkt (d. h. dem Schnittpunkt der drei Achsen) aus gerechnet. Wenn nun, bezüglich dieses Systems von drei Achsen über x, y, z eine besondere Angabe gemacht wird, so wird dadurch notwendig aus der dreidimensionalen Gesamtheit aller Punkte des Raums eine Gesamtheit von weniger Dimensionen herausgeschnitten. Wenn z. B. angegeben ist, dass z in positivem Sinne 5 Masseinheiten beträgt, so ist dadurch ausgedrückt, dass nur die zweidimensionale Menge derjenigen Punkte gemeint ist, welche auf der horizontalen Ebene liegen, die durch den Punkt gelegt ist, der 5 Maasseinheiten oberhalb des Nullpunkts liegt. Folglich muss auch jede beliebige Gleichung zwischen x, y, z eine zweidimensionale Punktmenge aus der Gesamtheit aller Punkte auszeichnen und definieren. Wenn zwei verschiedene Gleichungen zwischen x, y, z bestehen, so werden dadurch zwei verschiedene zweidimensionale Mengen definiert. Da diese eine eindimensionale Punktmenge gemeinsam haben müssen, so erkennt man, dass das gleichzeitige Bestehen zwei Gleichungen zwischen x, y, z eine eindimensionale Punktmenge definiert, also eine gerade Linie, eine krumme Linie, die innerhalb einer und derselben Ebene läuft oder gar eine im Raume gekrümmte Linie. Hieraus ist klar, dass die Einführung der drei zueinander senkrechten Achsen eine Brücke zwischen der Theorie des Raumes und der Theorie der Gleichungen zwischen drei Variabeln x, y, z schlägt. Den Grund dafür, dass nicht ebenso eine Theorie des Raumes und der allgemeinen, auf n Variable bezüglichen Algebra besteht, können wir in nichts anderem erkennen, als darin, dass der unsern Vorstellungen zugängliche Raum nun einmal nicht mehr als drei Dimensionen hat.

Wir fügen nun noch einige Beispiele über Mengen von höherer Dimensionszahl hinzu. Wenn man beachtet, dass jedes Luftteilchen unsrer Atmosphäre eine eindimensionale Menge von Dichtigkeiten, je nach dem Barometerstande, haben kann, so kann man die Atmosphäre als vierdimensial ansehen, da ja zu den drei Werten von x, y, z, welche den Ort jedes Luftteilchens angeben, noch seine Dichtigkeit als vierte Variable hinzutritt. Die Gesamtheit aller denkbaren Kugeln im Raume ist auch vierdimensional, da ihre Centren eine dreidimensionale Punktmenge bilden, und um jedes Centrum eine eindimensionale Menge von Kugeln denkbar ist, weil die Radien derselben jede beliebige Länge haben können. Eine fünfdimensionale Menge erkennen wir in der Gesamtheit aller Strecken von konstanter Länge. Denn dem einen Endpunkte der Strecke können wir jede beliebige Lage im Raume zuweisen, er kann irgend einer von der dreidimensionalen Gesamtheit aller Punkte des Raumes sein. Beschreiben wir dann um einen solchen Punkt als Centrum eine Kugelfläche mit der konstanten Länge als Radius, so kann der andere Endpunkt der Strecke jeder beliebige Punkt dieser Kugelfläche sein. Da nun die Gesamtheit der Punkte einer Kugelfläche zweidimensional ist, so stellt die Gesamtheit aller Strecken von konstanter Länge eine dreidimensionale Menge von zweidimensionalen Mengen, also eine fünfdimensionale Menge dar. Um ferner zu bestimmen, welche Dimension die Gesamtheit aller im Raume möglichen, gleich grossen Quadrate ist, geben wir der ersten Ecke des Quadrats eine beliebige Lage im Raume, wodurch wir uns für die gesuchte Dimension den Addenden 3 zu merken haben. Dann legen wir durch den gewählten Endpunkt einen beliebigen Strahl, wodurch wir den zweiten Addenden 2 erhalten, da die Gesamtheit aller durch einen Punkt im Raume gehenden Strahlen zweidimensional ist. Durch den Strahl legen wir schliesslich eine Ebene, wodurch wir den dritten Addenden 1 erhalten, da die Gesamtheit aller durch einen Strahl gehenden Ebenen eindimensional ist. Nun ist, da die Grösse des Quadrats vorgeschrieben ist, das Quadrat, auch seiner Lage nach, vollständig bestimmt. Also hat die Gesamtheit aller im Raume denkbaren, gleich grossen Quadrate die Dimension $3 + 2 + 1$, d. h. 6.

C. Die Einführung des Begriffs vierdimensionaler Punktmengen ist gestattet.

Im vorigen Abschnitt ist gezeigt, dass wir auch Gesamtheiten von mehr als drei Dimensionen begreifen können. Zugleich aber erkannten wir, dass unsere sinnlichen Vorstellungen uns dazu zwingen, die Gesamtheit aller Punkte des Weltalls als dreidimensional anzusehen. Es entsteht nun die Frage, ob, wenn der Fortschritt der Wissenschaft dazu drängt, es gestattet ist, den Raumbegriff durch Einführung von Punktmengen vierter oder noch höherer Dimension zu erweitern, und die Eigenschaften solcher Punktmengen zu studieren, obwohl wir wissen, dass wir uns solche Punktmengen nicht vorstellen können, wie wir uns ein-, zwei- oder dreidimensionale Punktmengen vorstellen können,

Um uns klar zu machen, dass die soeben gestellte Frage bejaht werden muss, erinnern wir uns doch, dass wir im Rechnen, schon von Kindheit auf, an Begriffserweiterungen gewöhnt werden, die wir durch unsere Sinne allein nicht begreifen können. Unsere Sinne geben uns lediglich den Begriff der ganzen Zahl und keiner sonstigen Zahlen. Indem wir für jedes der gesehenen und als gleichartig betrachteten Dinge einen Finger hochheben oder einen Strich machen oder eine Rechenkugel verschieben, gelangen wir zum Begriff des Zählens, und die Ergebnisse des Zählens nennen wir „Zahlen“. Ein Ergebnis des Zählens kann aber immer nur eine positive ganze Zahl sein. Durch Verschmelzung zweier Zählungen in eine einzige gelangte der Mensch weiter zum Begriff der Addition, und von diesem durch Umkehrung zum Begriff der Subtraktion. Bei der Subtraktion aber zeigt sich, dass nicht jedes Problem lösbar ist, indem z. B. die Aufgabe, eine Zahl zu finden, die um 7 vermehrt, 3 ergiebt, keine Lösung zulässt. Der Vorschüler, welcher behauptet, dass sich 7 nicht von 3 subtrahieren lässt, hat vollkommen recht. Denn es giebt kein Ergebnis des Zählens, das, mit 7 durch Addition verknüpft, zur Zahl 3 führen könnte. Wenn die Menschheit hierbei stehen geblieben wäre, und sich damit zufrieden gegeben hätte, dass „3 minus 7 nicht geht", so wäre die Arithmetik nicht zur Entwickelung gekommen und die Menschheit wäre in der Civilisation nicht soweit fortgeschritten, wie sie ist. Man hat sich gesagt: „Wenn 3 minus 7 keinen Sinn hat, so sind wir ja in der angenehmen Lage, ihm noch einen Sinn erteilen zu können." Die Frage ist aber dann, welche Sinnerteilung zweckmässig und für den Fortschritt der Wissenschaft vorteilhaft ist. Unzweifelhaft war es das Beste, an der Definition der Subtraktion festzuhalten, und auf die kein Ergebnis des Zählens darstellende Differenzform „3 minus 7" die Definitionsformel der Subtraktion zu übertragen. Nach dieser ist aber z. B.:

(8 minus 5) plus 5 gleich 8.

Demgemäss erteilte man 3 minus 7 einen solchen Sinn, dass

(3 minus 7) plus 7 gleich 3

sein sollte. Durch eine solche Sinnerteilung erzielte man, dass alle auf das Rechnen mit Differenzen bezüglichen Regeln auch für 3 minus 7 und für alle Differenzformen, bei denen der Minuendus kleiner als der Subtrahendus ist, Gültigkeit behalten mussten. Insbesondere folgte dann, dass alle Differenzformen, bei denen der Minuendus um gleichviel kleiner ist, als der Subtrahendus, einander gleich zu setzen sind. Es lag daher nahe, alle solche Differenzformen durch die Zahl auszudrücken, welche angiebt, um wieviel der Minuendus kleiner als der Subtrahendus ist, und, um diese Zahl von den Ergebnissen des Zählens zu unterscheiden, ihr einen Minusstrich vorzusetzen, beispielsweise also

$$3 - 7 = -4$$

zu setzen. Indem man nun so definierte Differenzformen auch Zahlen nannte, erweiterte man den Begriff der Zahl und das Gebiet der Zahlen. Gerade so liess man in die Sprache der Arithmetik auch solche Differenzformen zu, bei welchen Minuendus und Subtrahendus gleich sind, erkannte, dass dieselben einander gleich zu setzen sind, und gab ihnen deshalb ein gemeinsames Zeichen, das wir auch als Zahl ansehen, und „Null“ nennen.

In der weiteren Entwickelung der Arithmetik gelangt man bei der Division, als der Umkehrung der Multiplikation, dazu, auch solche Quotienten, bei denen der Dividendus kein Vielfaches des Divisors ist, als gebrochene Zahlen in die Sprache der Arithmetik aufzunehmen, und so den Begriff der Zahl von neuem zu erweitern. Immer dem Prinzip getreu, einer Verknüpfung zweier Zahlen, die noch keinen Sinn hat, einen solchen Sinn zu erteilen, dass man mit der Verknüpfung nach denselben Regeln rechnen kann, wie mit schon früher definierten Zahlen, gelangte die Arithmetik weiterhin zu den irrationalen, den imaginären und den komplexen Zahlen.

Man vergesse also nicht, dass, mit Ausnahme der positiven ganzen Zahlen, alle Zahlen der Arithmetik Kunstprodukte des menschlichen Geistes sind, die erfunden sind, um die Sprache der Arithmetik geschmeidiger zu machen und den Fortschritt der Wissenschaft zu beschleunigen. Sie sind und bleiben aber Kunstprodukte, weil es Zahlen sind, auf die man durch den Prozess des Zählens allein nicht gelangen kann, die also nicht auf derselben Stufe der Ursprünglichkeit stehen, wie die positiven ganzen Zahlen. Kein Mensch in der Welt kann sich „minus drei Bäume" vorstellen. Man kann wohl sagen, wenn drei Bäume aus einem Garten fortgenommen sind, dass zu der schon vorhandenen Zahl der Bäume „minus drei Bäume" hinzugekommen sind, um damit auszudrücken, dass drei Bäume fehlen. Dies ist aber ganz etwas anderes, als das Verlangen, dass man sich „minus drei Bäume" vorstellen soll. Trotzdem trägt kein Mensch Bedenken, den Begriff der Zahl auf negative Zahlen auszudehnen. Heute weiss jeder Geldskatspieler mit negativen Zahlen zu rechnen. Sie sind aber erst seit drei Jahrhunderten in die Sprache der Arithmetik aufgenommen; die alten Griechen kannten weder die Null, noch die negativen Zahlen. Wenn aber kein Mensch Bedenken trägt, die negativen Zahlen zur Vereinfachung des Rechnens zu benutzen, obgleich sie keine Ergebnisse des Zählens sind, und darum nicht vorstellbar sind, so darf man auch kein Bedenken tragen, in der Geometrie den Begriff des Raums zu erweitern, und von vierdimensionalen Punktmengen zu sprechen, obwohl man weiss, dass man sich solche Punktmengen nicht vorstellen kann. Hiernach muss zugegeben werden, dass die Aufnahme von vierdimensionalen Punktmengen in die Sprache der Arithmetik gestattet ist. Ob diese Aufnahme auch zweckmässig und als Forschungsmittel nutzbringend ist, das ist eine zweite Frage, die wir in Abschnitt D prüfen wollen.

Auch andere Wissenschaften operieren mit Dingen, von denen man nicht weiss, ob sie existieren, die aber als Forschungsmittel benutzt werden. Was sollte die moderne Physik ohne den Äther anfangen? Der Physiker thut so, als ob der ganze Weltenraum und alle Körper von dem Äther angefüllt sind; diese Annahme ist ihm aber nur eine Hypothese, durch welche er viele Erscheinungen zusammenfassen und dem menschlichen Verständnis näher bringen kann. Ohne die Annahme des Äthers, dessen Schwingungen sich auf die fernsten Teile der sichtbaren Welt übertragen, würden die Erscheinungen des Lichtes, der Wärme, der Schwere und der Elektrizität ein ungeordneter Haufen von Einzelerscheinungen sein. Die Ätherhypothese aber bringt diese Erscheinungen in ein geordnetes System, erleichtert uns das mechanische Verständnis derselben und befähigt uns, diese Erscheinungen nach Belieben hervorzurufen. Aber es darf nie vergessen werden, dass die Ätherhypothese das Rätsel der physikalischen Erscheinungen nicht löst, sondern diese Erscheinungen nur unter einem einheitlichen Gesichtspunkt zusammenfasst. Obgleich kein Mensch die Existenz des Äthers beweisen kann, hat doch nie ein Physiker Bedenken getragen, denselben als Forschungsmittel zu benutzen. Ebensowenig sind Gründe vorhanden, warum die Mathematiker zögern sollten, Punktmengen von mehr als drei Dimensionen als Mittel zu algebraischer oder geometrischer Forschung anzunehmen und zu benutzen.

D. Die Einführung des Begriffs vierdimensionaler Punktmengen ist für die Wissenschaft von Nutzen.

Wenn der Mathematiker das Recht hat, vierdimensionale Punktmengen zu definieren und ihre Eigenschaften zu untersuchen, so folgt hieraus noch nicht, dass dies auch für die Wissenschaft von Wert ist. Beispielsweise ist in der Arithmetik die Einführung einer direkten Operation vierter Stufe, die aus der Potenzierung so hervorgeht, wie diese aus der Multiplikation, zweifellos gestattet. Man kann etwa die Zahl 2^2 wieder als Exponent von 2 auffassen, die erhaltene Zahl wieder als Exponent von 2 und so immer fortfahren, bis so die Zahl 2 n-mal gesetzt ist. Es sind dann 2 und n durch eine Operation verknüpft, die man füglich vierter Stufe nennen muss, nachdem man die Addition als von der ersten Stufe, die Multiplikation als von der zweiten Stufe, die Potenzierung als von der dritten Stufe aufgefasst hat. Es hat sich nun aber herausgestellt, dass die Einführung einer solchen Operation vierter Stufe von keinerlei Vorteil für den Fortschritt der Wissenschaft ist, und dies hat darin seinen Grund, dass schon bei der Potenzierung das Vertauschungsgsgesetz, das bei der Addition und Multiplikatiou Gültigkeit hat, ungültig wird, indem z. B. $3^4 = 81$ verschieden von $4^3 = 64$ ist.

Ganz anders verhält es sich aber mit der Einführung des Begriffs vierdimensionaler Punktgruppen, die sich für den Fortschritt der mathematischen Erkenntnisse als sehr förderlich erwiesen hat. Ja, man kann sogar sagen, dass die Wissenschaft die Mathematik dazu gedrängt hat, solche Punktgruppen zu definieren und zu untersuchen. Zunächst hat die Algebra davon Vorteil. Wie schon oben erörtert ist, kann die auf drei Variable x, y, z bezügliche Algebra räumlich veranschaulicht werden. Deshalb können gewisse geometrische Begriffe, wie die der Bewegung, des „Liegens in“, des „Schneidens“ ohne weiteres auf die Algebra dreier Variabeln übertragen werden, was die Sprache der Algebra vereinfacht. Nun hat aber die Algebra keinen Grund, bei drei Variabeln stehen zu bleiben. Sie muss ihre Erkenntnisse auf beliebig viele Variabeln ausdehnen. Es ist daher nahe liegend, jene geometrischen Begriffe auch in der auf n Variable bezüglichen Algebra anzuwenden. Thut man das aber, so benutzt man eine n-dimensionale Punktgruppe als Forschungsmittel. Wenn wir z. B. vier Variable x, y, z, u annehmen, und jeder derselben jeden denkbaren Zahlenwert erteilen, so haben wir eine vierdimensionale Gesamtheit von Zahlquadrupeln definiert, die wir ebenso gut auch eine vierdimensionale Punktmenge nennen können. Wenn nun zwei Gleichungen zwischen x, y, z, u bestehen, so definieren dieselben zwei dreidimensionale Räume. Wir können nun sagen, dass dieselben sich in einer zweidimensionalen Punktmenge, also einer Fläche, schneiden, was algebraisch bedeutet, dass jene beiden Gleichungen aus der vierdimensionalen Gesamtheit aller Zahlquadrupel eine bestimmte zweidimensionale Gesamtheit aussondern. Auch noch auf folgende Weise führt der Zusammenhang zwischen Geometrie und Algebra auf den vierdimensionalen Raum. Bedeutet a eine Länge, so stellt a^2 den Inhalt des Quadrats dar, dessen vier Seiten die Länge a haben, ferner a^3 den Inhalt des Würfels, dessen zwölf Kanten die Länge a haben. Es ist nun naheliegend, zu fragen, was für ein Gebilde es ist, das den Inhalt a^4 hat. Ohne, dass wir uns dieses Gebilde räumlich vorstellen können, können wir doch seine Eigenschaften durch die Mittel der Mathematik erkennen. Es ist von 8 Würfeln begrenzt, hat 16 Ecken, 24 Flächen, die Quadrate sind, und 32 Kanten, so dass von jeder Ecke 4 Kanten, 6 Flächen und vier Körper ausgehen, und jede Kante drei Flächen und drei Körper entsendet.*)

Ungeachtet der Vorteile, die die Einführung vierdimensionaler Punktmengen der algebraischen Forschung bietet, ist diese Einführung für die Algebra doch nicht gerade notwendig. Dagegen ist sie geradezu notwendig für ein tieferes Verständnis der Geometrie. Das System geometrischer Wahrheiten, das Euclid um 300 vor Christi

*) Von diesem vierdimensionalen Gebilde, ebenso wie von den übrigen den regulären Körpern unseres Raums analogen Gebilden des vierdimensionalen Raums hat Herr V. Schlegel durch die Verlagshandlung von Brill in Darmstadt Netze modellieren lassen. So wie nämlich die Grenzflächen eines dreidimensionalen Körpers in ihrem Zusammenhange in einer Ebene gezeichnet werden können, so können auch die Grenzkörper eines vierdimensionalen Gebildes im Raume aneinandergestellt werden.

Geburt zusammenstellte, ist über zwei Jahrtausende hindurch für die elementare Geometrie maassgebend geblieben. In diesem System beruht jeder Satz auf früheren Sätzen, sowie bei einem Gebäude jeder Stein auf andern Steinen ruht. Doch muss es schliesslich fundamentale Wahrheiten geben, die nicht mehr auf früheren Sätzen beruhen, gerade so wie es bei einem Gebäude unterste Steine geben muss, auf welchen die übrigen ruhen, die aber selbst nicht auf andere Steine sich stützen. Diese fundamentalen Wahrheiten der Geometrie sind die Axiome, deren Richtigkeit man als selbstverständlich hinnehmen muss, um dann aus ihnen stufenweise alle geometrischen Wahrheiten ableiten zu können.

Der kritische Sinn der mathematischen Forschung prüfte nun aber, ob die Axiome des Euclid wirklich unbeweisbar wären, oder ob vielleicht ein Teil von ihnen mit Hilfe des andern Teils bewiesen werden könnte. Insbesondere suchte man nach einem strengen Beweis des 11. Axioms des Euclid, das von den Parallelen handelt.

Nachdem Jahrhunderte lang alle Versuche, das 11. Axiom des Euclid zu beweisen, fehlgeschlagen waren, konstatierten Gauss, mit ihm Bolyai und Lobatschewsky, sowie Riemann und Helmholtz, die entscheidenden Gründe, warum jeder Versuch, das Parallelenaxiom zu beweisen, fehlschlagen müsse. Diese Gründe bestehen darin, dass nur in dem uns vorstellbaren dreidimensionalen Raume jenes Axiom richtig ist, dass aber dreidimensionale Räume, die freilich unsern Sinnen unzugänglich sind, durch unsern Verstand definiert und erforscht werden können, in denen das Axiom unrichtig ist. Es zeigte sich dadurch, dass das Axiom nur eine Beobachtungsthatsache war und deshalb ein deduktiver Beweis desselben unmöglich sein müsse. Bei dem Zusammenhange, der zwischen der Kritik der geometrischen Axiome und der Erweiterung des Raumbegriffs besteht, ist es zweckmässig, diese Axiome näher zu beleuchten. Von den Axiomen, welche Euclid seiner Geometrie voranstellt, sind nur die folgenden drei wirklich geometrisch:

1) 8. Axiom: Gebilde, welche mit einander zusammenfallen, sind einander gleich.

2) 11. Axiom: Wenn eine gerade Linie zwei gerade Linien so schneidet, dass die auf derselben Seite gelegenen beiden inneren Winkel zusammen weniger als zwei Rechte betragen, so müssen sich die beiden geraden Linien auf eben dieser Seite schneiden, wo die Winkelsumme kleiner als zwei Rechte ist.

3) 12. Axiom: Zwei gerade Linien können keinen (endlichen) Raum einschliessen.

Alle Beweise, die von diesen Axiomen versucht sind, haben sich als Scheinbeweise herausgestellt. Legendre machte darauf aufmerksam, dass das 11. Axiom durch eins der drei folgenden ersetzbar ist:

a) Wenn eine gerade Linie und ausserhalb ein Punkt in einer und derselben Ebene liegen, so lässt sich durch den Punkt nur eine einzige gerade Linie ziehen, welche die erstgenannte gerade Linie nicht schneidet, soweit man auch die Linie verlängern mag;

b) Wenn zwei parallele gerade Linien von einer dritten geraden Linie geschnitten werden, so sind die entstandenen inneren Wechselwinkel gleich;

c) Die Summe der drei Winkel eines Dreiecks ist gleich zwei Rechten, d. h. so gross wie ein gestreckter Winkel.

Mit Hilfe einer dieser drei Wahrheiten lässt sich immer das 11. Axiom des Euclid beweisen, und umgekehrt kann man aus ihm jede dieser drei Behauptungen als richtig erschliessen, natürlich immer mit Zuhilfenahme der beiden andern Axiome, des achten und des zwölften.

Die Gültigkeit der drei Axiome hängt eng mit der Möglichkeit der kongruenten Verschiebung von Figuren zusammen. Innerhalb einer Ebene lässt sich nämlich jedes Dreieck beliebig verschieben, ohne dass dabei eine Änderung der drei Seitenlängen oder der drei Winkelgrössen stattfindet. Es giebt nun Flächen, die dieselbe Eigenschaft haben, wie die Ebene und auch solche, die sie nicht haben. Wenn z. B. auf der Oberfläche eines Eies ein Dreieck liegt, so kann dasselbe auf der Eifläche nicht überall hingeschoben werden, ohne dass dabei die Seiten und Winkel desselben entweder eine Vergrösserung oder eine Verkleinerung erfahren. Dagegen kann niemals eine solche Verzerrung des Dreiecks eintreten, wenn dasselbe auf einer Kugelfläche liegt, und dann beliebig verschoben wird. Der mathematische Grund dieser Erscheinung ist der, dass die Kugelfläche überall dieselbe Krümmung hat, nicht aber die Eifläche. Von einer Ebene sagt man, dass sie überall die Krümmung null habe. Eine Kugelfläche hat auch überall dieselbe Krümmung, sie ist aber nicht null, sondern positiv, und zwar um so grösser, je kleiner der Radius ist. Eine Eifläche hat zwar auch überall positive Krümmung, diese hat aber an den verschiedenen Stellen der Eifläche verschiedene Grösse, ist z. B. am grössten an den beiden Spitzen. Es giebt auch Flächen, die überall negative Krümmung haben, indem von jedem Punkte aus teils konkav, teils konvex gekrümmte Linien denkbar sind. So zeigt z. B. negative Krümmung die Mitte eines Sattels. Eine konstante Krümmung null zeigen ausser der Ebene noch die Kegelfläche und die Cylinderfläche. Wenn man auf einem ebenen Stück Papier zwei kongruente Dreiecke zeichnet, von denen jedes durch Verschieben in die Lage des andern gebracht werden kann, und dann aus dem Papier durch Biegen eine Cylinderfläche oder eine Kegelfläche macht, so bleiben die Dreiecke immer noch kongruent, und es tritt durchaus keine Verzerrung auf. Diese Flächen teilen also mit der Ebene und der Kugel die Eigenschaft, überall dieselbe Krümmung zu haben, so dass auf ihnen jede irgendwo beliebig gezeichnete Figur an jede andere Stelle geschoben werden kann, ohne dass dieselbe sich zu verzerren braucht. Auf solchen Flächen gilt demgemäss das, was dem 8. Axiom des Euclid zu Grunde liegt, nämlich die Möglichkeit der kongruenten Verschiebung.

Auch das 11. Axiom des Euclid ist auf allen Flächen von konstanter Krümmung gültig, nur muss man bei Flächen mit konstanter positiver Krümmung, wie bei der Kugelfläche „kürzeste“ statt „gerade“ Linie sagen. Auf der Kugelfläche nämlich schneiden sich zwei kürzeste Linien, d. h. zwei Bögen von Kreisen, deren Centrum das Kugelcentrum ist, immer in zwei Punkten, daher sowohl auf der Seite einer schneidenden kürzesten Linie, wo die Summe der inneren Winkel kleiner als zwei Rechte ist, wie auch auf der andern Seite, wo die Winkelsumme grösser als zwei Rechte ist. Auf der Ebene jedoch schneiden sich zwei gerade Linien immer nur auf derjenigen Seite einer schneidenden dritten geraden Linie, wo die Summe der inneren Winkel weniger als 180° beträgt.

Das zwölfte Axiom des Euclid endlich gilt nur für die Ebene und die ihr gleichwertigen Flächen, wie Kegelflächen, aber nicht auf der Kugelfläche oder einer andern Fläche von konstanter positiver Krümmung. Dies stimmt mit dem Umstande überein, dass eins von den drei Axiomen, die wir oben unter a), b), c) als Ersatz für das 11. Axiom angegeben haben, wohl für die Ebene, nicht aber für die Kugel richtig ist, nämlich, dass die Winkelsumme im Dreieck 180° beträgt. Während nämlich diese Winkelsumme im ebenen Dreieck 180° beträgt, ist ihr Betrag im sphärischen Dreieck bekanntlich immer grösser als 180° und der Überschuss über 180° ist proportional der Zahl, welche das Verhältnis der Dreiecksfläche zur ganzen Kugelfläche ausdrückt.

Nachdem so die Axiome der Geometrie als Erfahrungsthatsachen enthüllt sind, entsteht die Frage, ob nicht auf dieselbe Weise, wie verschiedene zweidimensionale Geometrieen aufgestellt werden können, auch verschiedene dreidimensionale Geometrieen aufgestellt und entwickelt werden können, und insbesondere auch die Frage, in welchen Beziehungen solche Geometrieen zu der Geometrie in dem uns vorstellbaren Raume stehen. In der That kann eine dreidimensionale Geometrie entwickelt werden, bei welcher, ebenso wie in der zweidimensionalen Geometrie auf einer Eifläche, das Axiom, dass jeder Körper, sich selbst kongruent bleibt, wenn er beliebig verschoben wird, keine Gültigkeit hat. Von einem dreidimensionalen Raume, in welchem eine solche dreidimensionale Geometrie entwickelt werden kann, sagt man, dass er kein konstantes Krümmungsmass hat.

Der unsern räumlichen Vorstellungen zugängliche Raum, den man deshalb auch den Erfahrungsraum nennt, besitzt nach unsern Erfahrungen die besondere Eigenschaft, dass jeder Körper an jede Stelle des Raums gebracht werden kann, ohne dass er sich dabei irgendwie zu verzerren braucht. Der Erfahrungsraum hat daher ein konstantes positives Krümmungsmass. Es fragt sich aber, ob dasselbe null oder positiv ist, ob also der Raum, in dem die unsern Sinnen zugängliche Welt liegt, dieselben Eigenschaften, wie unter den Flächen die Ebene hat, oder ob dieser Raum dieselben Eigenschaften wie die Kugelflächen hat. Nur die Erfahrung kann diese Frage beantworten. Wenn der Erfahrungsraum ein konstantes positives Krümmungsmass hätte, und wäre dasselbe auch noch so wenig von Null verschieden, so müsste ein Punkt, der sich immer weiter in gerader Linie, oder, genauer gesprochen, in kürzester Linie, bewegt, schliesslich wieder auf seinen Ausgangspunkt von der entgegengesetzten Seite her zurückkommen, gerade so, wie ein Punkt, der sich auf einer

Kugelfläche immer weiter in kürzester Linie bewegt, nach Durchlaufen des Umfangs der Kugel, wieder auf seinen Ausgangspunkt zurückkehrt. Es scheint fast, als wenn es unmöglich wäre, dass der Erfahrungsraum diese Eigenschaften haben könnte, und ginge auch die Länge des durchlaufen zu denkenden Weges über alle uns geläufigen Vorstellungen hinaus. Aber ein zweidimensionales Analogon belehrt uns, dass eine solche Eigenschaft nicht ausserhalb des Bereichs jeder Möglichkeit liegt. Versetzen wir uns zurück in das Zeitalter Homers! Zu jener Zeit glaubte man, dass die Erde eine Scheibe sei, die von einem unendlich grossen Ocean umflossen sei. In der That ist diese Annahme für Jeden, der nie weit gereist ist oder von weiten Reisen gehört hat, die allernatürlichste. Also war sie es wohl auch für den Homerischen Helden Odysseus. Wenn nun, nehmen wir an, zu Odysseus ein Gelehrter gekommen wäre, und ihm gesagt hätte, dass, wenn er immer in derselben Richtung weiter reiste, er schliesslich wieder auf seinen Ausgangspunkt zurückkommen würde, so würde Odysseus mit grossem Erstaunen diesem Gelehrten zugehört haben, mit demselben Erstaunen, mit dem heute der Laie dem Mathematiker zuhört, der ihm von der Möglichkeit spricht, dass unser Raum so beschaffen sei, dass ein Punkt, der lange genug immer in derselben Richtung sich vorwärts bewegt, schliesslich von der entgegengesetzten Richtung her wieder am Ausgangspunkt ankommen muss. Odysseus würde die Meinung des Gelehrten für falsch gehalten haben, weil sie seinen gewohnten Anschauungen und Erfahrungen widersprach; trotzdem hätte der Gelehrte

Recht gehabt, weil ja die Erdoberfläche keine Scheibe, sondern eine Kugel ist. So könnte auch der Mathematiker dem Laien gegenüber recht haben, wenn nämlich das Krümmungsmass des Erfahrungsraums nicht genau null, sondern ganz wenig grösser wäre. Wenn das der Fall wäre, so würde auch das Volumen des Raums nicht unendlich gross sein, sondern eine endliche Grösse haben; gerade so wie die Erdoberfläche, weil kugelförmig, eine endliche Anzahl von Quadratmeilen umfasst. Wenn hiergegen der Einwand erhoben wird, dass die Endlichkeit des Raums unsern Vorstellungen und Erfahrungen widerspricht, so werden bei diesem Einwand zwei Begriffe verwechselt, nämlich „unendlich gross“ und „unbegrenzt“. Wir können uns nur nicht vorstellen, dass der Raum irgendwo eine Grenze haben sollte. Darum kann er aber doch eine vielleicht ungeheure, aber doch endliche Grösse haben.

Es entsteht nun die Frage, ob nicht durch Beobachtung entschieden werden kann, ob das Krümmungsmass unseres Raums null oder positiv ist. Der Satz von der Winkelsumme des Dreiecks oder Folgerungen aus diesem Satze geben uns die Mittel an die Hand, die Frage zu entscheiden. Auf solche Weise hat sich ergeben, dass das Krümmungsmass des Raums mit grosser Wahrscheinlichkeit genau gleich Null ist, und wenn es grösser sein sollte, so ist die Abweichung von Null eine so geringe, dass die schärfsten Beoachtungsmittel, insbesondere die Teleskope, nicht imstande sind, den Betrag der Abweichung erkennen zu lassen. Mehr kann man mit Gewissheit nicht behaupten.

Diese Überlegungen, zu welchen die Kritik der Hypothesen, die der Geometrie zu Grunde liegen, uns geführt hat, zwingen uns, Vergleiche zwischen dem Erfahrungsraume und andern dreidimensionalen Räumen anzustellen, die wir uns zwar nicht vorstellen können, die wir aber definieren können, und deren Eigenschaften wir untersuchen können. Sobald wir aber, die Eigenschaften verschieden gearteter dreidimensionaler Punktgruppen aufzufinden, Veranlassung haben, sind wir auch genötigt, solche Punktgruppen als Bestandteile von Punktgruppen höherer Dimension aufzufassen. So führt uns also auch die Kritik der Hypothesen der Geometrie dazu, von einem vierdimensionalen Raume zu sprechen, in dem alle denkbaren dreidimensionalen Räume so liegen, wie im Erfahrungsraume alle denkbaren Flächen liegen.

Von den zahlreichen Beispielen, bei denen die Annahme von Räumen höherer Dimension die Forschung in der gewöhnlichen Geometrie erleichtert, sei hier eins nur angeführt. Wir nehmen in einer Ebene zwei Dreiecke an, dessen Ecken wir durch die Zahlenpaare:

12, 13, 14 und 25, 35, 45

bezeichnen. Die Lage der beiden Dreiecke richten wir so ein, dass sich die Verbindungslinie von 12 mit 25, von 13 mit 35, von 14 mit 45 sich in einem einzigen Punkte schneiden, den wir 15 nennen. (Vgl. Fig. 1.) Wenn wir jetzt die Seiten, die diesen Ecken gegenüberliegen, zum Schnitt bringen, so erhalten wir drei Schnittpunkte, nämlich:

34 als Schnitt von 13 + 14 mit 45 + 35,

24 als Schnitt von 45 + 25 mit 12 + 14,
23 als Schnitt von 13 + 12 mit 35 + 25.

Die Thatsache, dass nun auch die drei Punkte 34, 24, 23 in gerader Linie liegen, kann durch die Mittel der ebenen Geometrie nur auf schwierige und umständliche Weise bewiesen werden. Sobald wir aber den Erfahrungsraum zu Hülfe nehmen, ist der Satz, dass die dreigefundenen Punkte, in gerader Linie liegen müssen, selbstverständlich. Wir haben nämlich nur fünf Punkte 1, 2, 3, 4, 5 im Raume anzunehmen. sie zu je zweien durch 10 gerade Linien und zu je dreien durch zehn Ebenen zu verbinden. Dann schneiden

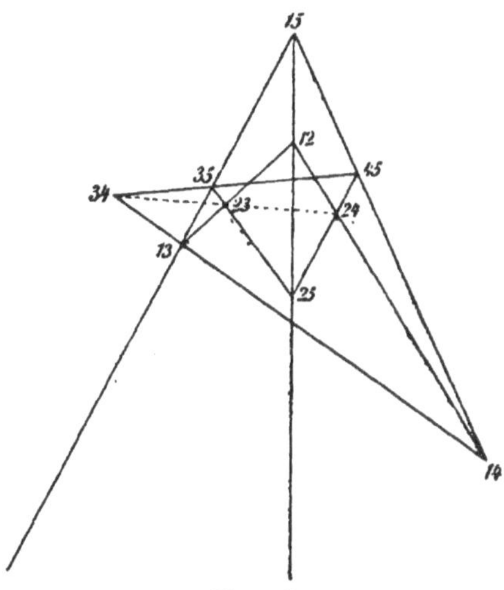

Figur 1.

die zehn Geraden die Ebene der Zeichnung in den zehn Punkten unserer Figur und die zehn Ebenen schneiden dieselbe Ebene in den zehn Strahlen unsrer Figur, indem nämlich immer p q der Schnittpunkt der

Zeichnungsebene mit der Verbindungslinie der Punkte p nnd q ist, und p q r die Schnittlinie der Zeichnungsebene mit der Verbindungsebene der drei Punkte p, q und r ist. Der Grund also, warum schliesslich die drei Punkte 34, 24, 23 auch in gerader Linie liegen müssen, besteht in der einfachen Thatsache, dass die Ebene der Zeichnung von der Verbindungsebene der Punkte 2, 3, 4 in einer geraden Linie geschnitten wird. So hat also die Benutzung des dreidimensionalen Raums einen Satz aus der zweidimensionalen Geometrie der Ebene mit grösster Leichtigkeit als richtig erkennen lassen.

Die aus fünf Punkten im dreidimensionalen Raume soeben abgeleitete ebene Figur besteht aus zehn Punkten und zehn Strahlen derartig, dass jeder Punkt drei dieser Strahlen aussendet und jeder Strahl drei von den zehn Punkten enthält. Eine Figur von ähnlichen Eigenschaften kann man nun auch erhalten, wenn man von 6 Punkten 1, 2, 3, 4, 5, 6 ausgeht, die in einem die Ebene der Zeichnung enthaltenden vierdimensionalen Raume liegen. Wir verbinden dann je drei von den 6 Punkten durch eine Ebene und je vier durch einen dreidimensionalen Raum. Die erhaltenen $6_3 = 20$ Ebenen schneiden dann die Ebene der Zeichnung in 20 Punkten, die p q r heissen sollen, wenn sie von der Verbindung der Punkte p, q und r herrühren. Ferner schneiden die erhaltenen $6_4 = 15$ dreidimensionalen Räume die Ebene der Zeichnung in 15 Strahlen, die p q r s heissen sollen, wenn sie von der Verbindung der Punkte p, q, r und s herrühren. Es entsteht also eine merkwürdige Figur (Fig. 2), die aus 20 Punkten und 15 Strahlen sich so zusammensetzt, dass immer jeder Strahl 4 Punkte enthält und jeder Punkt drei Strahlen aussendet. Figuren, welche sich aus Punkten und Strahlen so zusammensetzen, dass jeder Strahl gleichviel Punkte enthält und jeder Punkt gleichviel Strahlen aussendet, heissen „Konfigurationen“.

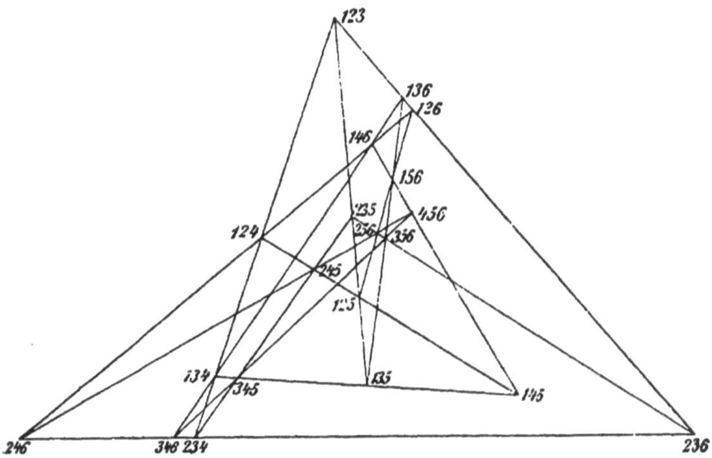

Figur 2.

Andere Konfigurationen, als die in Fig. 1 und 2 dargestellten erhält man, wenn man erstens von einer andern Anzahl von Punkten ausgeht, und wenn man zweitens auch annimmt, dass die Dimension des Raums, in dem die Punkte liegen, eine noch höhere ist. Auf die Entstehung von Konfigurationen durch Annahme von Punkten in Räumen beliebiger Dimension hat der Verfasser zuerst aufmerksam gemacht. So hat also der Begriff der Räume höherer Dimension der Auffindung von merkwürdigen Figuren der ebenen Geometrie als Forschungsmittel gedient.

E. Widerlegung der Gründe, welche die Existenz eines die sichtbare Welt enthaltenden vierdimensionalen Raums beweisen sollen.

Der vorhergehende Abschnitt hat die Dienste beleuchtet, welche die Theorie der Räume höherer Dimension der mathematischen Forschung erweist. Die Kenntnis jedoch, dass die Mathematiker solche Räume bei ihren Forschungen mit Vorteil benutzen, würde nie ausgereicht haben, um der sogenannten „vierten Dimension“ die Popularität zu verschaffen, die sie geniesst. Denn jeder Gebildete hat davon gehört und spricht gelegentlich davon, sei es im Ernst oder im Scherz. Der „vierdimensionale Raum“ würde nicht zu den Ohren der gebildeten Nichtmathematiker gedrungen sein, wenn nicht die Konsequenzen allgemein bekannt wären, welche die Spiritisten aus dem mathematischen Begriff des vierdimensionalen Raums gezogen haben. Ich unterlasse hier die Widerlegung der Gründe, welche die Spiritisten dafür anführen, dass der vierdimensionale Raum von Geistern bewohnt sei, welche ihre auf der Erde wohnenden Medien dahin bringen, uns mit Trommeln, Klopfen und schlechtem Englisch zu unterhalten. Wer sich für diese Gründe und ihre Widerlegung interessiert, der lese die inhaltreiche Abhandlung von Cranz in Virchow-Holtzendorffs gemeinverständlichen Vorträgen (No. 112 u. 113). Dagegen wollen wir hier noch die Gründe prüfen, welche dafür angeführt werden, dass ein vierdimensionaler Raum, in welchem die Welt liegt, wirklich existiert, abgesehen davon, wer darin wohnt.

In erster Linie wird die Existenz der Symmetrie als Grund dafür angeführt, dass ein die Welt enthaltender vierdimensionaler Raum wirklich existiert. Ein gleichschenkliges Dreieck wird bekanntlich durch die Halbierungslinie des Winkels an der Spitze in zwei rechtwinklige Dreiecke zerlegt, welche in allen Seiten und allen Winkeln genau übereinstimmen. Trotzdem gelingt es nicht, lediglich durch Verschieben innerhalb der Ebene des gleichschenkligen Dreiecks, das eine Dreieck genau in die Lage des andern zu bringen, wenn das gleichschenklige Dreieck nicht zugleich rechtwinklig ist. Ein Wesen, das nur zweidimensionale Vorstellungen hat, kann also sich nicht vorstellen, wie das eine der beiden Dreiecke in die Lage des andern zu bringen ist. Ein Wesen aber, das, wie der Mensch, dreidimensionale Vorstellungen hat, wird es durch Umklappen des einen Dreiecks um die Teilungslinie erreichen, dass dieses Dreieck genau mit dem andern Dreieck zusammenfällt. Bei diesem Umklappen aber bewegt man sich aus der Ebene heraus. Man dreht das eine Dreieck so, dass seine Ebene um die Teilungslinie 180° beschreibt. Analoges zeigen nun auch die dreidimensionalen Körper. Wenn man über den Seiten eines ungleichseitigen Dreiecks nach aussen drei Dreiecke so zeichnet, dass immer die benachbarten Seiten zweier der drei Dreiecke gleich sind, und die Flächen dieser Dreiecke umkippt, so stossen dann die nach aussen liegenden Ecken in einem Punkte zusammen, und es entsteht auf solche Weise eine Pyramide, deren Spitze dieser Punkt ist. Nun kann man aber das Umkippen immer nach zwei Seiten hin bewerkstelligen, nämlich, wenn das ungleichseitige Dreieck horizontale Lage hatte, nach oben und nach unten. Demgemäss entstehen zwei Pyramiden, die in allen Seiten und allen Winkeln, der Reihe nach, genau übereinstimmen. Dennoch kann die eine dieser beiden Pyramiden keineswegs in die Lage der andern gebracht werden. Sie sind so gestaltet, wie ein Gegenstand und sein Spiegelbild. Räumliche Gebilde, von denen das eine als Spiegelbild des andern betrachtet werden kann, heissen „symmetrisch". Zwei symmetrische Pyramiden sind also so beschaffen, dass, obwohl beide in allen Längen und Winkeln übereinstimmen, die eine nicht in die Lage der andern gebracht werden kann. Doch zeigt eine genauere mathematische Überlegung, dass dies doch möglich sein würde, wenn man die eine Fläche festhaltend, die Pyramide aus dem Erfahrungsraum heraus so lange drehen könnte, bis sie wieder in diesen Raum zurückkehrte, wenn man also das Analoge zu dem machen könnte, was man thut, wenn man eine ebene Figur durch Umklappen in eine zu ihr symmetrische Figur verwandelt. Bei diesem Prozess würden nur die äusseren und die inneren Seiten der Flächen sich vertauschen. Wenn die Figur, die so in ihr symmetrisches Gegenstück zu verwandeln wäre, aus einem biegsamen Material bestände, so würde die Verwandelung einfach dadurch geschehen, dass man durch Umstülpen das Innere nach aussen und das Äussere nach innen bringt. Beispielsweise kann so ein rechter Handschuh in einen linken verwandelt werden.

Daraus, dass jedes Gebilde durch Vermittelung eines unsern Raum enthaltenden vierdimensonalen Raums in ein zu ihm symmetrisches Gebilde verwandelbar ist, hat man nun die Wahrscheinlichkeit gefolgert, dass ein solcher vierdimensionaler Raum wirklich existiert. Freilich beleuchtet der Begriff eines vierdimensionalen Raums die Erscheinungen der Symmetrie in rein mathematischer Beziehung. Aber daraus zu schliessen, dass ein solcher Raum wirklich existiert, wäre ebenso kühn, als es wäre, wenn man, weil die Bewegung der Fixsterne sich aus der Annahme einer Rotation des Himmelsgewölbes erklären lässt, schliessen wollte, dass eine solche Rotation wirklich existieren müsse. Man vergesse doch nicht, dass unser Verständnis der Erscheinungen der wirklichen Welt sich aus zweierlei zusammensetzt, erstens aus dem, wie die Dinge in Wirklichkeit sind, zweitens aus dem, wie diese Dinge in unsern Geist aufgenommen werden. Das letztere hängt teilweise von der Summe der Erfahrungen ab, die wir schon gemacht haben, teilweise aber auch davon, dass wir bei der Unvollkommenheit unseres Verstandes, gezwungen sind, die vielen Einzelerscheinungen unter Registerüberschriften unterzubringen, die wir uns selbst gemacht haben, und die zwar zum Teil von den Dingen ausser uns abhängen, zum Teil aber auch von uns selbst abhängen.

Neben geometrischen Gründen hat Zöllner auch kosmologische Gründe herangezogen, um die Existenz eines vierdimensionalen Raums zu beweisen. Diese Gründe hängen insbesondere mit den Fragen zusammen, ob die Zahl der Fixsterne unendlich gross sei, ob die Welt eine endliche oder unendliche Grösse habe, ob sie einen zeitlichen Anfang gehabt hat und ein zeitliches Ende haben wird, und ob die Welt bezüglich des Stoffs und der Energie einem Gleichgewichtszustand zustrebt. Auch das Rätsel der Wirkungen in die Ferne und das Rätsel der Lebenskraft wurden von Zöllner und seinen Anhängern herangezogen, um die Existenz eines die Welt enthaltenden vierdimensionalen Raums zu beweisen. Wenn nun auch wirklich die oben genannten Fragen und Probleme durch die Annahme eines solchen Raums eine den menschlichen Verstand befriedigende Erklärung finden könnten, so würde damit die Existenz eines vierdimensionalen Raums nicht bewiesen sein. Derselbe würde immer noch eine Hypothese bleiben, die geeignet ist, dem Menschen, der nur dreidimensionale Erfahrungen machen kann, Erscheinungen, die ihm rätselhaft sind, begreiflicher zu machen.

Bestechender, als die soeben erwähnten Gründe, sind für die meisten Menschen die psycho-physiologischen Gründe, die Zöllner aus dem Sehprozess ableitet. Wenn wir einen Gegenstand sehen, so erzeugt das Licht, das von ihm ausgeht, ein Bild auf der Netzhaut des Auges. Dieses Bild kommt uns durch den Sehnerv zum Bewusstsein, und unser Verstand zieht daraus einen Schluss über den Gegenstand. Wenn wir nun ein Quadrat ansehen, dessen Seiten ein Dezimeter lang sind, und dessen Centrum ein Meter von der Pupille entfernt ist, so entsteht dabei ein bestimmtes Bild auf der Netzhaut. Dasselbe Bild entsteht aber auch, wenn wir auf ein Quadrat sehen, dessen Seiten denen des ersten Quadrats parallel und zwei Dezimeter lang sind, falls das Centrum von der Pupille zwei Meter statt eines Meters entfernt ist. So erkennen wir bald, dass wir durch das Auge nicht die Lage einer Strecke, sondern nur das Verhältnis dieser Länge zur Entfernung vom Auge wahrnehmen können, und dass überhaupt die dreidimensionale Welt dem Auge zweidimensional erscheint, weil alle Punkte, die in einer vom Auge ausgehenden geraden Linie hintereinander liegen, ein und dasselbe Netzhautbild ergeben. Deshalb, schliesst Zöllner, muss einem Kinde, dessen geistige Thätigkeit ihm noch unbewusst ist, die Welt zweidimensional erscheinen. Einem solchen Kinde müssen zwei Objekte, die sich bewegen, so erscheinen, als ob die Bewegung auf einer Fläche stattfindet, die wir uns hinter den Objekten denken, und auf welche wir letztere projizieren. Solche Ortsveränderungen von Objekten müssen einem Menschen in den ersten Stadien seiner Entwickelung rätselhaft erscheinen, und so gelangt der Mensch, wie Zöllner weiter argumentiert, dazu, eine Hypothese anzunehmen, welche ihm die Rätsel löst; er nimmt an, dass die Welt dreidimensional ist, obgleich er sie nur zweidimensional sehen kann. Wenn der Mensch dann seine Erkenntnisse in der ausser ihm liegenden Welt weiter ausdehnt, findet er die in seiner Kindheit unbewusst aufgetellte Hypothese mehr und mehr bestätigt, und sie wird ihm zu einer Überzeugung, die er nicht mehr aus seinen Anschauungen entfernen kann. Derselbe Erkenntnisprozess, meint Zöllner weiter, habe sich in den astronomischen Anschauungen der Menschheit vollzogen. Um die Bewegungen der Sterne zu begreifen, genügte anfänglich die Annahme einer dreidimensionalen Himmelskugel, an welcher dieselben befestigt sind.

Erst die Rätsel, welche die Bewegungen der Planeten dann boten, brachten den Menschen dazu, dem Himmelsgewölbe eine dritte Dimension, die Tiefe, zuzuschreiben, wodurch die bei Annahme eines zweidimensionalen Himmels kompliziert erscheinenden Bewegungen, als sehr einfache Bewegungen in einem dreidimensionalen Raume sich herausstellten. So meint also Zöllner, dass auch unsere Auffassung der sichtbaren Welt als einer dreidimensionalen nichts anderes als ein Produkt unseres Verstandes ist, der nur durch eine solche Auffassung die Widersprüche lösen konnte, die sich beim Anblick der Bewegungen von Objekten aus der Annahme ergeben mussten, dass die sichtbare Welt zweidimensional sei. Wenn ein Kind seine Hand vor seinen Augen hin und her bewegt, herumdreht und näher oder ferner bringt, so empfängt das Kind auf der Fläche seiner Netzhaut nach einander die verschiedensten Bilder von einem und demselben Objekt, dessen Unveränderlichkeit ihm unzweifelhaft ist. Wenn das Kind die veränderliche Projektion der Hand auf die Netzhautfläche als das wirkliche Objekt auffasste und nicht die vor ihm liegende Hand, so müsste das Kind fortwährend Widersprüche in seinen Erfahrungen erleben, und, um diese zu vermeiden, fasst es den Erfahrungsraum als dreidimensional auf. Der Mensch habe also, so fährt Zöllner fort, ursprünglich eine zweidimensionale Raumauffassung, werde aber durch Erfahrungen gezwungen, die Objekte, die sich ihm auf der Netzhaut zweidimensional abbilden, als dreidimensional anzusehen. In derselben Weise werde der Mensch, dnrch die zunehmende Schärfe in der Erkenntnis der Erscheinungen der Aussenwelt, auch gezwungen werden, die materielle Welt als den „Schatten“ aufzufassen, den eine mehr wirkliche vierdimensionale Welt auf unsern dreidimensionalen Raum wirft. Für einen Menschen des 20. Jahrhunderts werde diese Auffassung bald ebenso selbstverständlich erscheinen, wie uns seit Copernicus die Erklärung der Bewegungen der Himmelskörper als in einem dreidimensionalen Raume vorsichgehend, selbstverständlich erscheint.

Zöllners aus dem Sehprozess abgeleitete Gründe für die Existenz eines vierdimensionalen Raums können auf folgende Weise widerlegt werden. Zunächst ist es unrichtig, zu sagen, dass wir die Dinge der Aussenwelt durch die Vermittelung zweidimensionaler Netzhautbilder sehen. Das Licht, das in das Auge dringt, verursacht einen Reiz der Sehnerven, und jede solche Wirkung, die, wenn auch klein, so doch eine mechanische ist, kann nur auf materielle Dinge ausgeübt werden. Materielle Dinge aber sind immer dreidimensional. Die Wirkungen des Lichtes auf photographische Platten, können ebenso wenig als zweidimensional angesehen werden. Auch darf man ein Bild nicht zweidimensional nennen. Denn nur durch unsere Abstraktion, indem wir nämlich die Dicke über jede Grenze hinaus kleiner werden lassen, gelangen wir zum Begriff des Zweidimensionalen. Ebenso hat Zöllner Unrecht, wenn er sagt, dass, wenn wir den Schatten einer Hand sehen, wir etwas Zweidimensionales sehen. Was wir wirklich wahrnehmen, ist dies, dass von dem Gebiete, das der Schatten einnimmt, kein Licht in unser Auge fällt, dass wir aber von den ausserhalb liegenden Gebieten

Licht empfangen. Dieses Licht wird aber von den materiellen Teilchen an der Oberfläche der Wand, worauf der Schatten fällt, reflektiert, also von dreidimensionalen Körperchen. Unser Auge kann uns eben nur über Dreidimensionales Auskunft geben; und wenn wir von etwas denken, dass es zweidimensional, eindimensional oder null-dimensional ist, so tritt zur sinnlichen Wahrnehmung der rein geistige Akt der Abstraktion hinzu. Wenn wir mit einem Zeichenstift eine gerade Linie auf Papier zeichnen, so dürfen wir uns doch nicht einbilden, dass wir etwas Eindimensionales hergestellt haben. Nein, wir haben lauter kleine Graphitteilchen auf das Papier gelegt, an dem sie durch Adhäsion haften, und haben es dabei so eingerichtet, dass in seitlicher Richtung und in der Richtung nach oben viel weniger Graphitteilchen liegen, als in einer Längsrichtung, wodurch wir erst durch Abstraktion, oder, wie man auch sagen kann, durch Idealisierung, zum Begriff der geraden Linie gelangen. Wenn wir einen Gegenstand, etwa einen hölzernen Würfel ansehen, so nehmen wir denselben als dreidimensional wahr, und erst durch eine Abstraktionsthätigkeit gelangen wir dazu, von ihm auszusagen, dass er 6 zweidimensionale Flächen, 12 eindimensionale Kanten und 8 nulldimensionale Ecken hat. Denn nur dadurch, dass die materiellen Teilchen, die den Würfel bilden, das Licht nicht durchlassen, sondern reflektieren, dass ein Teil der reflektierten Strahlen das Auge trifft, und dass wir dann von dem leeren Raum in der Umgebung des Würfels sowie von dem Stoff, der den Würfel ausfüllt, ganz absehen, können wir zum Begriff der Grenzflächen des Würfels gelangen.

Hiernach leuchtet ein, dass alles, was wir wahrnehmen, dreidimensional ist, dass wir nur durch eine Abstraktionsthätigkeit des menschlichen Geistes zu zweidimensionalen Vorstellungen gelangen können, und dass, nach unsern Erfahrungen, Vorstellungen und Begriffen, wir uns nicht denken können, wie etwas Zweidimensionales auf materielle Dinge sollte Wirkungen auszuüben vermögen. Hiermit aber haben wir eine Widerlegung des Netzhautarguments. Wenn das Sehen lediglich in der Erzeugung des zweidimensionalen Netzhautbildes bestände, würde die Körperwelt niemals von uns wahrgenommen werden können. Das Kind stellt sich die Welt keineswegs zweidimensional vor, wie Zöllner behauptet. Im Gegenteil, das Kind stellt sich die Welt entweder gar nicht vor, oder es stellt sie sich dreidimensional vor. Zweifellos muss das Kind erst sehen lernen. Die Beobachtung der Kinder in den ersten Monaten ihres Lebens, wie auch die Beobachtung von Blindgeborenen, die durch eine glückliche Operation plötzlich Sehkraft erlangen, zeigt immer von neuem, dass das Sehen nicht allein in den Reizen besteht, die das Licht auf die Sehnerven ausübt, sondern mehr noch in der richtigen Deutung dieser Reize. Diese richtige Deutung kann aber der Mensch nur erreichen, wenn er schon einen beträchtlichen Schatz von Erfahrungen gemacht hat. Insbesondere muss das Erkennen der Entfernung eines Objekts ganz allmählich gelernt werden. Bei diesem Lernen ist uns besonders zweierlei von Wert: erstens der Umstand, dass wir zwei Augen haben, und dass wir deshalb zwei Netzhautreize erhalten, die nicht völlig gleich sind, und zweitens, dass wir durch unsere

Bewegungsfähigkeit und durch unsern Tastsinn befähigt sind, von der Entfernung und der Gestalt der gesehenen Körper noch auf andere Weise als durch die Sehthätigkeit eine Überzeugung zu erlangen. Es entsteht nun die Frage, welche Raumanschauung ein Geschöpf haben würde, das nur ein Auge hat, sich nicht bewegen kann und keinen Tastsinn hat. Nach Zöllners Ansicht müsste ein solches Geschöpf eine zweidimensionale Raumanschauung haben. Nach des Verfassers Meinung aber würde ein solches Geschöpf überhaupt nicht sehen können, weil es keine Erfahrungen sammeln kann, die geeignet wären, ihm eine Deutung der Netzhautreize zu ermöglichen. Das Licht, das von der umgebenden Körperwelt aus auf die Netzhaut eines solchen Wesens fällt, würde bei ihm keine andere Wirkung hinterlassen als die eines undeutbaren Reizes oder vielleicht sogar Schmerzes.

Die obigen Überlegungen zeigen hinreichend, dass weder die Erscheinungen der Symmetrie noch die von den gesehenen Objekten entworfenen Netzhautbilder uns zur Annahme der Existenz eines vierdimensionalen Raumes zwingen. Und wenn selbst die uns umgebende Körperwelt uns Probleme aufgeben sollte, die auf natürliche Weise nicht zu lösen wären, so würde auch die Annahme, dass ein die Welt enthaltender vierdimensionaler Raum existiert, die Probleme nicht lösen können. Diese Annahme würde die Schwierigkeiten nur in andere Schwierigkeiten verwandeln, sie würde die Probleme nicht lösen, sondern sie nur wo anders hin verlegen. Dabei entsteht nun aber die Frage, ob die Existenz eines vierdimensionalen Raums geradezu u n m ö g l i c h ist. Um diese Frage zu beantworten, müssen wir uns erst klar machen, was wir unter „existieren“ verstehen. Wenn Existieren eines Dinges bloss bedeutet, dass der Begriff des Dinges gebildet werden kann und nicht zu Widersprüchen mit schon gefassten Begriffen und mit Erfahrungsthatsachen führt, so haben wir zu antworten, dass der vierdimensionale Raum existiert, wie aus den Kapiteln C und D hervorgeht. Wenn nämlich der vierdimensionale Raum nicht als klarer Begriff in den Köpfen der Mathematiker existierte, so könnte dieser Begriff nicht zu Resultaten geführt haben, die sich auf unsern Erfahrungsraum beziehen, und die unsere Sinne nachher als richtig erkannt haben. Wenn aber Existenz „stoffliche Existenz“ bedeutet, so müssen wir sagen, dass wir niemals, weder jetzt noch in Zukunft, irgend etwas darüber werden wissen können. Denn materielle Wirklichkeit ist für uns immer dreidimensional, da unsere Sinne nur dreidimensionale Erfahrungen machen können. Zwar kann unser Verstand vom Stofflichen abstrahieren, nicht aber kann er sich eine materielle vierdimensionale Welt vorstellen. Ebensowenig wie wir eine zweidimensionale Welt materiell denken können, ebensowenig können wir uns eine vierdimensionale Welt materiell denken.

Herrosé & Ziemsen, Gräfenhainichen.

FSC
www.fsc.org
MIX
Papier | Fördert
gute Waldnutzung
FSC® C083411

Zeitfracht Medien GmbH
Ferdinand-Jühlke-Straße 7
99095 Erfurt, Deutschland
produktsicherheit@kolibri360.de